特色高水平实训基地项目建设系列教材

维护

中国水利水电出版社
www.waterpub.com.cn
·北京·

内 容 提 要

《排水泵站与运行维护》是高等职业院校给排水工程技术、市政工程和城镇建设工程等专业课程教材，主要为城镇排水行业人员提供必需的安全生产知识、基本理论常识、实操技能要求和专业技能要求。

本书主要内容为城市排水系统概述、排水泵站基础知识、安全基础知识、工作现场安全操作知识、识图基础知识、泵站自动化管理知识、排水泵站运行维护、排水泵站运行检查和管理等内容。

本书可作为高等专科学校给排水工程技术专业、市政工程专业、水利工程和智慧水利管理等相关专业的教学参考书，还可作为有关专业工程技术人员的参考书。

图书在版编目（CIP）数据

排水泵站与运行维护 / 温江丽，江婷主编. -- 北京：中国水利水电出版社，2023.4
特色高水平实训基地项目建设系列教材
ISBN 978-7-5226-1477-9

Ⅰ.①排… Ⅱ.①温… ②江… Ⅲ.①市政工程－排水泵－泵站－运行－高等职业教育－教材②市政工程－排水泵－泵站－维修－高等职业教育－教材 Ⅳ.①TU992.25

中国国家版本馆CIP数据核字(2023)第064755号

书　　名	特色高水平实训基地项目建设系列教材 **排水泵站与运行维护** PAISHUI BENGZHAN YU YUNXING WEIHU
作　　者	主　编　温江丽　江　婷 副主编　王君妍　张　涛
出版发行	中国水利水电出版社 （北京市海淀区玉渊潭南路1号D座　100038） 网址：www.waterpub.com.cn E-mail：sales@mwr.gov.cn 电话：（010）68545888（营销中心）
经　　售	北京科水图书销售有限公司 电话：（010）68545874、63202643 全国各地新华书店和相关出版物销售网点
排　　版	中国水利水电出版社微机排版中心
印　　刷	清淞永业（天津）印刷有限公司
规　　格	184mm×260mm　16开本　11.75印张　286千字
版　　次	2023年4月第1版　2023年4月第1次印刷
印　　数	001—800册
定　　价	**45.00元**

凡购买我社图书，如有缺页、倒页、脱页的，本社营销中心负责调换
版权所有·侵权必究

前言 QIANYAN

排水泵站运行维护是维系城镇"生命体"健康循环的重要环节，是提高城镇居民高品质生活水平的要件，与民生改善、环境保护和公共安全密切相关。

本书主要根据高等学校专业生的培养目标而编写，紧密围绕城市运行管理、高品质民生需求对应用型人才的需要，全面加强城镇排水行业专业技能型人才的培养，重点突出专业技术的实际应用能力。在内容方面不仅介绍了排水泵站运行维护相关专业知识和维护要求，而且较为详细地介绍了水泵的基础知识、生产安全知识、排水泵站的系统组成和安全操作要求等。在编写过程中力求妥善处理多个学科知识的系统性、完整性和专业实践能力培养的关系，重点突出专业技术应用能力的培养。

本书由北京农业职业学院温江丽、北京城市排水集团有限责任公司江婷担任主编，北京城市排水集团有限责任公司王君妍、北京市南水北调环线管理处张涛担任副主编。温江丽承担了全书的统稿和校订工作。

由于编者时间和水平有限，书中难免会有缺点和错误，敬请广大读者批评指正。

编者

2023 年 2 月

目录 MULU

前言

第1章 城市排水系统概述 ································· 1
1.1 城市排水系统作用和发展 ························ 1
- 1.1.1 排水工程及作用 ··························· 1
- 1.1.2 废水及分类 ······························· 2
- 1.1.3 排水系统发展概况 ························· 3

1.2 城市排水系统体制和组成 ························ 8
- 1.2.1 城市排水系统体制 ························· 8
- 1.2.2 排水系统体制选择 ························· 10
- 1.2.3 城市排水系统组成 ························· 11

1.3 常见排水设施 ································· 13
- 1.3.1 排水管渠 ································· 13
- 1.3.2 检查井 ··································· 13
- 1.3.3 雨水口 ··································· 16
- 1.3.4 特殊构筑物 ······························· 18
- 1.3.5 泵站 ····································· 23
- 1.3.6 调蓄池 ··································· 23

第2章 排水泵站基础知识 ··························· 24
2.1 排水泵站 ····································· 24
- 2.1.1 排水泵站概述 ····························· 24
- 2.1.2 排水泵站的组成 ··························· 27
- 2.1.3 排水泵站的一般规定 ······················· 28

2.2 常见水泵基础知识 ····························· 29
- 2.2.1 水泵的用途及类型 ························· 29
- 2.2.2 叶片泵的分类、型号及结构 ················· 30
- 2.2.3 水泵的性能参数 ··························· 31
- 2.2.4 水泵的性能曲线 ··························· 34
- 2.2.5 水泵的比转数 ····························· 37
- 2.2.6 水泵的吸水性能 ··························· 38

2.3 泵站基础知识 ································· 40
- 2.3.1 泵站的工程组成 ··························· 40

    2.3.2 污水泵站 ………………………………………………………………… 41
    2.3.3 雨水泵站及合流泵站 …………………………………………………… 43
    2.3.4 泵房的基本形式 ………………………………………………………… 44
    2.3.5 泵房建筑物的总体布置 ………………………………………………… 45
  2.4 排水泵站运行模式和要求 ……………………………………………………… 46
    2.4.1 排水泵站的运行模式 …………………………………………………… 46
    2.4.2 排水泵站的运行要求 …………………………………………………… 47
  2.5 排水泵站运行维护新技术 ……………………………………………………… 50
    2.5.1 泵站、初期池、调蓄池的运行工艺 …………………………………… 50
    2.5.2 排涝泵站的运行工艺 …………………………………………………… 51
  2.6 有关我国城镇排水的标准规范 ………………………………………………… 52
    2.6.1 《城乡排水工程项目规范》(GB 55027—2022) ……………………… 52
    2.6.2 《室外排水设计标准》(GB 50014—2021) …………………………… 53
    2.6.3 《城镇排水管渠与泵站运行、维护及安全技术规程》(CJJ 68—2016) …… 54

第3章 安全基础知识 ……………………………………………………………… 55
  3.1 安全常识 ………………………………………………………………………… 55
    3.1.1 安全生产概念及意义 …………………………………………………… 55
    3.1.2 危险源 …………………………………………………………………… 57
    3.1.3 常见排水泵站危险源的识别 …………………………………………… 59
    3.1.4 常见危险源的防范 ……………………………………………………… 60
  3.2 安全生产法律法规 ……………………………………………………………… 62
    3.2.1 安全生产法律法规的含义和特征 ……………………………………… 62
    3.2.2 《中华人民共和国安全生产法》法条释义 …………………………… 62

第4章 工作现场安全操作知识 …………………………………………………… 64
  4.1 安全生产 ………………………………………………………………………… 64
    4.1.1 劳动防护用品 …………………………………………………………… 64
    4.1.2 带水作业安全知识 ……………………………………………………… 74
    4.1.3 带电作业安全知识 ……………………………………………………… 74
  4.2 操作规程 ………………………………………………………………………… 76
    4.2.1 安全管理制度 …………………………………………………………… 76
    4.2.2 安全操作规程 …………………………………………………………… 78
    4.2.3 应急救援预案 …………………………………………………………… 82
  4.3 安全培训与安全交底 …………………………………………………………… 84
    4.3.1 安全培训 ………………………………………………………………… 84
    4.3.2 安全技术交底 …………………………………………………………… 87
  4.4 现场急救 ………………………………………………………………………… 88
    4.4.1 现场急救步骤及紧急救护常识 ………………………………………… 88

4.4.2 现场急救基本方法	89
4.4.3 常见事故应急处置	90

第5章 识图基础知识 97
5.1 工程识图 97
  5.1.1 识图基本概念 97
  5.1.2 识图基本知识 104
  5.1.3 排水工程识图 117
5.2 电气识图 119
  5.2.1 建筑电气施工图绘制原则 119
  5.2.2 电气施工图一般规定 119

第6章 泵站自动化管理知识 124
6.1 泵站自动控制系统 124
  6.1.1 基本规定 124
  6.1.2 自动化系统要求 125
  6.1.3 自动化控制系统管理 129
6.2 自动监控系统 130
  6.2.1 区域监测中心 130
  6.2.2 自动监测技术 130

第7章 排水泵站运行维护 133
7.1 排水泵站主体设备运行维护 133
  7.1.1 水泵机组运行维护 133
  7.1.2 主要金属结构设备运行维护 142
  7.1.3 主要电气设备运行维护 151
7.2 排水泵站辅助设备运行维护 154
  7.2.1 液位计 154
  7.2.2 流量计运行维护 155
  7.2.3 压力表运行维护 158
  7.2.4 起重设备运行维护 159
  7.2.5 通风与采暖设备运行维护 161
7.3 排水泵站工艺设施运行维护 161
  7.3.1 排水泵站工艺设施的日常养护 161
  7.3.2 排水泵站工艺设施的定期维修 163
7.4 排水泵站自动控制系统维护 164
  7.4.1 一般规定 164
  7.4.2 自动化监测传感器维护频次 165
  7.4.3 监测仪表校验频次 165
  7.4.4 自动控制系统设备维护频次 165

  7.4.5 视频监控系统维护频次 ·· 166
  7.4.6 系统维护 ·· 166
 7.5 泵站建筑物的管理与维护 ·· 166
  7.5.1 一般规定 ·· 166
  7.5.2 泵房 ·· 167

第8章 排水泵站运行检查和管理 ·· 168
 8.1 排水泵站运行检查 ·· 168
  8.1.1 泵站运行巡视检查规定 ·· 168
  8.1.2 泵站电气设备巡视检查 ·· 169
  8.1.3 泵站机械设备巡视检查 ·· 172
  8.1.4 泵站设施巡视检查 ·· 172
  8.1.5 泵站内特殊检查项目 ·· 173
 8.2 排水泵站运行调度 ·· 173
  8.2.1 一般规定 ·· 173
  8.2.2 排水泵站的运行方式选择 ·· 173
 8.3 信息管理 ·· 175
  8.3.1 一般规定 ·· 175
  8.3.2 技术管理信息 ·· 175
  8.3.3 技术档案 ·· 176

参考文献 ·· 178

第1章

城市排水系统概述

1.1 城市排水系统作用和发展

1.1.1 排水工程及作用

在城镇生产和生活中产生的大量污水，如从住宅、工厂和各种公共建筑中不断排出的各种各样的污水和废弃物，需要及时妥善地排除、处理或利用。对这些污水如不加控制，任意直接排入水体或地下土体，使水体和土壤受到污染，将破坏原有的生态环境，而引起各种环境问题。为保护环境和提高城市生活水平，现代城镇需要建设一整套工程设施来收集、输送、处理和处置雨水与污水。这种工程设施称为排水工程。

大规模的城市建设，实现了城市的现代化。城市规模变得越来越大，城市道路硬面化提高，雨水的收集、排除和利用也是城市排水工程的基本内容。

排水工程的基本任务是保障城市生活、生产正常运转，保护环境免受污染，解决城市雨水的排除和利用问题，促进城市经济和社会发展。其主要内容包括：收集各种污水并及时输送至适当地点；将污水妥善处理后排放或再利用；收集城市屋面、地面雨水并排除或利用。

排水工程是城市基础设施之一，在城市建设中起着十分重要的作用。

第一，排水工程的合理建设有助于保护和改善环境，消除污水的危害，对保障城市健康运转起着重要的作用。随着现代工业的发展和城市规模的扩大，污水量日益增加，污水成分也日趋复杂，城镇建设必须注意经济发展过程中造成的环境污染问题，并协调解决好污水的污染控制、处理及利用问题，以确保环境不受污染。

第二，排水工程还作为国民经济和社会发展的一个功能发挥着重要的作用。水是非常宝贵的自然资源，它在人民日常生活和工农业生产中都是不可缺少的。许多河川的水都不同程度地被其上下游的城市重复使用着，甚至有的河段已超过了水体自净能力，当水体受到严重污染时，势必降低淡水水源的使用价值或增加城市给水处理的成本。为此，通过建设城市排水工程设施，以达到保护水体免受污染，使水体充分发挥其经济和社会效益。同时，运用排水工程的技术，使城市污水资源化，可重复用于城市生活和工业生产，这是节约用水和解决淡水资源短缺的一种重要途径。

第三，一方面，随着气候的变化，强降雨导致城镇水害日益严重，如何解决城市雨雪水的及时排除，是城市未来建设的课题；另一方面，对于我国淡水资源匮乏的城市，雨水的收集与利用也将成为我国城市建设不可忽视的问题之一。

总之，在城市建设中，排水工程对保护环境、促进城镇化建设具有巨大的现实意义和深远的影响。应当充分发挥排水工程在我国经济建设和社会发展中的积极作用，使经济建设、城镇建设与环境建设同步规划、同步实施、同步发展，以达到经济效益、社会效益和环境效益的统一。

1.1.2 废水及分类

人们在生活和生产中，使用着大量的水。水在使用过程中会受到不同程度的污染，改变原有的化学成分和物理性质，这些水称作污水或废水。废水按照来源可以分为生活污水、工业废水和雨水。

1.1.2.1 生活污水

人们在日常生活中用过的水，包括从厕所、浴室、盥洗室、厨房、食堂和洗衣房等处排出的水。它来自住宅、公共场所、机关、学校、医院、商店以及工厂中的生活区部分。

生活污水含有大量腐败性的有机物，如蛋白质、动植物脂肪、碳水化合物、尿素等，还含有许多人工合成的有机物，如各种肥皂和洗涤剂等，以及粪便中出现的病原微生物，如寄生虫卵和肠系传染病菌等。此外，生活污水中也含有为植物生长所需要的氮、磷、钾等养分。这类污水需要经过处理后才能排入水体、灌溉农田或再利用。

从建筑排水工程来看，建筑内的淋浴、盥洗和洗涤废水，由于污染比粪便污水轻，经过处理可以作为中水系统回用。因此，现在有的建筑排水将粪便污水和洗涤废水独立设置，把建筑内的生活排水分成生活污水和生活废水，这是未来的发展方向。

1.1.2.2 工业废水

在工业生产中排出的废水。由于各种工业企业的生产类别、工艺过程、使用的原材料以及用水成分的不同，工业废水的水质变化很大。工业废水按照污染程度的不同，可分为生产废水和生产污水两类。

生产废水是指在使用过程中受到轻度污染或水温稍有增高的水。如冷却水便属于这一类，通常经简单处理后即可在生产中重复使用，或直接排放水体。

生产污水是指在使用过程中受到较严重污染的水。这类污水多具有危害性。例如，有的含大量有机物，有的含氰化物、铬、汞、铅、镉等有害和有毒物质，有的含多氯联苯、合成洗涤剂等合成有机化学物质，有的含放射性物质等。这类污水大都需经适当处理后才能排放，或生产中重复使用。废水中有害或有毒物质往往是宝贵的工业原料，对这种废水应尽量回收利用，为国家创造财富，同时也减轻污水的污染。

工业废水按所含污染物的主要成分分类，如酸性废水、碱性废水、含氰废水、含铬废水、含汞废水、含油废水、含有机磷废水和放射性废水等。这种分类明确地指出了废水中主要污染物的成分。

在不同的工业企业，由于产品、原料和加工过程不同，排出的是不同性质的工业废水。

1.1.2.3 雨水

大气降水，也包括冰雪融化水。雨水一般比较清洁，但其形成的径流量大，若不及时排泄，则将积水为害，妨碍交通，甚至危及人们的生产和日常生活。目前，在我国的排水体制中，认为雨水较为洁净，一般不需处理，直接就近排入水体。

天然雨水一般比较清洁，但初期降雨时所形成的雨水径流会挟带大气中、地面和屋面上的各种污染物质，使其受到污染，所以初期径流的雨水，往往污染严重，应予以控制排放。有的国家对污染严重地区雨水径流的排放作了严格要求，如工业区、高速公路、机场等处的暴雨水要经过沉淀、撇油等处理后才可以排放。近年来由于水污染加剧，水资源日益紧张，雨水的作用被重新认识。长期以来雨水直接径流排放，不仅加剧水体污染和城市洪涝灾害，同时也是对水资源的一种浪费。为此，国内外许多城市已经或正在重视城市雨水的管理和综合利用的建设和研究。

工业废水和生活污水含有大量有害、有毒物质和多种细菌，严重污染自然环境，传播各种疾病，直接危害人民身体健康。自然降水若不能及时排除，也会淹没街道而中断交通，使人们不能正常进行生活和生产。

在城市和工业企业中，应当有组织且及时地排除上述废水和雨水，否则可能污染和破坏环境，甚至形成公害，影响生活和生产以及威胁人民健康。废水和雨水的收集、输送、处理和排放等设施以一定方式组合成的总体，称为排水系统。

1.1.3 排水系统发展概况
1.1.3.1 国外排水发展概况
1. 巴黎下水道系统

近代下水道的雏形脱胎于法国巴黎。作为一个具有悠久历史的欧洲名城，巴黎的下水道系统，就像埃及的金字塔一样，是一个绝世的伟大工程，这里没有黑水横流的垃圾，也没有臭气熏天的各种腐烂物体。据报道，巴黎经常下雨，从未发现下雨积水导致的交通堵塞。巴黎的下水道均处在巴黎市地面以下50m，水道纵横交错，密如蛛网，总长2347km，规模远超巴黎地铁，难怪雨水到了地面便迅速了无踪影。由于巴黎下水道系统享誉世界，下水道博物馆已成为巴黎除埃菲尔铁塔、卢浮宫、凯旋门外的又一著名旅游项目。能成为旅游景点，下水道肯定能容下很多游人，无比宽敞，可以行走奔跑（这种情形在西方电影里经常出现），有通畅的排气系统、有纯净空气，不会臭气熏天。巴黎下水管道如图1.1所示。

法国首都巴黎的下水道博物馆从外表看并不特别，就是一个普通的下水道井盖。但是掀开这个井盖进入地下，就仿佛进入了一个地下宫殿。巴黎下水道虽然修建于19世纪中期，但就是用现在的眼光看，这些高大、宽敞如隧道般的下水道实在是不同凡响。聪明的巴黎人就利用这些

图1.1 巴黎下水管道

有着100多年历史的下水道建成了下水道博物馆。人们在这里游览，可以全面了解巴黎的地下排水系统。约2.6万个下水道井盖、6000多个地下蓄水池，1300多名专业维护工……这哪里是下水道，简直就是宽敞的地下水库工程，就是发达的企业化复杂运作和灵活机动的应急机制。因此，这种四通八达的系统能够顺利排水。在19世纪就能够设计出这样复杂的地下下水道系统，那是一个超前于时代的创举，而这项巨大工程的设计师巴龙·奥斯曼当然

功不可没。奥斯曼是在19世纪中期巴黎爆发大规模霍乱之后设计了巴黎的地下排水系统。

奥斯曼当时的设计理念是提高城市排水效率，将脏水排出巴黎，而不再是按照人们以前的习惯将脏水排入塞纳河，然后再从塞纳河取得饮用水。然而真正对巴黎下水道设计和施工做出巨大贡献的却是厄热·贝尔格朗。1854年，奥斯曼让贝尔格朗具体负责施工。到1878年为止，贝尔格朗和他的工人们修建了600km长的下水道。随后，下水道就开始不断延伸，直到现在长达2400km。截至1999年，巴黎便完成了对城市废水和雨水的100%完全处理，还塞纳河一个免受污染的水质。这个城市的下水道和她的地铁一样，经历了上百年的发展历程才有了今天的模样。除了正常的下水设施，这里还铺设了天然气管道和电缆。直至2004年，其古老的真空式邮政速递管道才真正退出历史舞台。

此外，多数人大概不知道，在巴黎，如果你不小心把钥匙或是贵重的戒指掉进了下水道，是完全可以根据地漏位置，把东西找回来的。下水道里也会标注街道和门牌号码。完备的设施和人性化的设计背后，凝聚了几代人的心血和智慧。

在博斯凯大街的污水干道，它浓缩了巴黎下水道的全貌。沿着一条长500m、标着路面街道名的蜿蜒通道前行，脚下是3m来宽的水道，污水在里面哗哗流淌，身边摆放着各种古今的机械，每隔一段又出现岔路和铁梯。再往前是一个陈列馆，陈列着高卢罗曼时代、中世纪、文艺复兴时期、第一帝国和七月王朝、现代和近代巴黎下水道6个历史时期的图片、模型，并配以英、法两种文字说明。通道终端是一个大厅，放着3台电视机，播放一个长约20min的介绍巴黎下水道情况的短片。陈列品展示了巴黎下水道的历史变迁。早在1200年，菲利普·奥古斯特登基后要为巴黎铺砌路面，曾预见巴黎市区将兴建排水沟。从1370年开始，时任市长的于格·奥布里奥兴建蒙马特大街，将盖有拱顶的砌筑下水道通向河道。1850年，在塞纳省省长奥斯曼男爵和欧仁·贝尔格朗工程师的推动下，巴黎的下水道和供水网获得了迅速发展。据介绍，雨果在撰写《悲惨世界》前，曾通过时任下水道督察的好友埃马纽埃尔·布吕内索亲临下水道，并绘制了管道图，从而惟妙惟肖地描写了小说主人公冉阿让在下水道中与警察周旋、逃脱追捕的情景。

巴黎的排水系统总体上分为5级排水管道，从下水道到主渠道可供维修人员进入检查、维修、排污。维护人员可持终端设备到现场进行维护，每年至少2次。近年来，巴黎市还兴建了3条地下蓄水隧道和8个蓄水池，蓄水能力达到80多万 m^3，从而缓解暴雨来袭时城市排水的压力。

2. 罗马：2500年后仍在使用

古罗马下水道建成2500年后，现代罗马仍在使用。公元前6世纪左右，伊达拉里亚人使用岩石所砌的渠道系统，将暴雨造成的洪流从罗马城排出。渠道系统中最大的一条截面为3.3m×4m，从古罗马城广场通往台伯河。公元33年，罗马的营造官清洁下水道时，曾乘坐一叶扁舟在地下水道中游历了一遍，足见下水道是多么宽敞。

3. 东京排水系统

日本是个台风多发国家。东京地区的地下排水系统主要是为避免受到台风雨水灾害的侵袭而建的。这一系统于1992年开工，2006年竣工，堪称世界上最先进的下水道排水系统，其排水标准是"5～10年一遇"，由一连串混凝土立坑构成，地下河深达60m。东京排水系统如图1.2所示。

东京的雨水有两种渠道可以疏通：靠近河渠地域的雨水一般会通过各种建筑的排水管，以及路边的排水口直接流入雨水蓄积排放管道，最终通过大支流排入大海；其余地域的雨水，会随着每栋建筑的排水系统进入公共排雨管，再随下水道系统的净水排放管道流入公共水域。

为了保证排水道的畅通，东京下水道局从污水排放阶段就开始介入。他们规定，一些不溶于水的洗手间垃圾不允许直接排到下水道，而要先通过垃圾分类系统进行处理。此外，烹饪产生的油污也不允

图 1.2 东京排水系统

许直接导入下水道中，因为油污除了会造成邻近的下水道口恶臭外，还会腐蚀排水管道。东京下水道局对此倡导的解决办法是：用报纸把油污擦干净，再把沾满油污的报纸当作可燃垃圾来处理。更干脆的办法是做菜少用油。下水道局甚至配备了专门介绍健康料理的网页和教室，介绍少油、健康的食谱。

东京设有降雨信息系统来预测和统计各种降雨数据，并进行各地的排水调度。利用统计结果，可以在一些容易浸水的地区采取特殊的处理措施。比如，东京江东区南沙地区就建立了雨水调整池，其中最大的一个池一次可以最多存储 2.5 万 m^3 的雨水。

4. 伦敦排水系统

英国首都伦敦的排水系统建于 19 世纪中期维多利亚时代，距今超过 150 年历史。1865 年，伦敦共修建了超过 20000km 的排水工程，构成了伦敦排水系统的基础。

2007 年，伦敦政府投入 17 亿英镑实施"泰晤士隧道"方案，即在泰晤士河下方建设一条长 35km、最深处达 75m 的"深层排水隧道"。隧道将连接 34 条位于"污染最严重"地带的下水道，有效阻止未经处理的污水在降雨的时候流入泰晤士河。2011 年，伦敦泰晤士河水务公司又投资 36 亿英镑修建一条近 40km 长的超级污水排水沟，据称能有效吸纳污水，并解决泰晤士河的污染问题。

1.1.3.2 我国排水发展概况

在自给自足、以农业生产为主的古代社会，广大农村的排水设施发展相当缓慢。只有都城或民居聚集的商邑设有比较完备的排水设施，将污水和雨水排入沟渠，导入自然水体。此外，沟渠还有防洪排涝的作用。沟渠材料包括砖石砌块和陶土管道。因此，通过研究古代排水技术与设施发展，可以从一个侧面对现代排水有所借鉴。我们可以从目前考古发现去了解我国排水发展历史。

1. 原始社会时期（约公元前 21 世纪之前）

新石器时代后期至夏朝建立，是部落、城市形成并开始发展的初级阶段，城市排水系统相对来说还比较简陋，主要由城内沟渠、壕池以及天然河湖共同组成，有的城市开始使用陶质排水管道。

（1）浙江良渚文化时期的水利防排。良渚文化是一支分布在太湖流域的古文化，距今

5300～4000年。考古研究表明，大约4800年以前的良渚古城面积有300多万 m²。城墙的修筑方式是先在底部铺一层厚20cm左右的青膏泥，再铺垫石块做基础，其上再用较纯净的黄土堆筑。墙基的宽度大多为40～60m，城墙内外均有城河水系分布，目前已探明有6个水城门。遗址群北部距北城墙约2km处，发现一条东西绵延约5km的土垣，宽20～50m，残高3～7m，就其堆筑方式来看，可能属于良渚遗址群北部防范山洪的防护设施。良渚文化农业已进入犁耕稻作时代，遗址发现的用于引水排水的沟渠遗迹，再加上许多开沟犁的出土，说明良渚文化已经出现了灌溉农业，这一农业生产技术在中国是首创的。长江下游的良渚文化遗址都处于比较低洼的水网地区，主要农作物是水稻。水稻的生长既怕干旱，又怕水涝，控制适当的水量是保证水稻生长、丰收的基本措施。良渚文化先民积累了自7000年前河姆渡文化以来的水稻栽培和田间管理的经验，逐渐摸索并发明了农业生产中的灌溉技术，从而大大增强了抗旱与排涝的能力。

（2）河南淮阳平粮台陶质排水管道。距今4300多年的河南淮阳平粮台古城是原始社会排水设施建设的一处杰作，城内已铺设了陶质排水管道。考古发掘的陶管位于南门门道路土之下0.3m处，残长5m多。其铺设方式是在门道下挖一条北高南低、上宽下窄的沟渠，沟口宽及沟深均约0.74m，沟底铺一条陶质排水管道，其上再并铺两条陶质排水管道，断面呈倒"品"字形。管道每节长0.35～0.45m不等，直筒形，一端稍细，口径为0.23～0.26m，另一端较粗，口径为0.27～0.32m，管道细端有榫口，可以进行套接。管道均为轮制，外表有纹，个别为素面。每节管道小口朝南，套入另一节的大口内。从整个管道的铺设看，北端稍高于南端，宜于向城外排水。管道周围填以料礓石和土，其上再铺0.3m厚的土作为路面。

（3）大禹治水采取疏导方法。距今4000多年前，我国的黄河流域经常发生洪水灾害，上古帝王尧命鲧负责治水工作。鲧采取"水来土挡"的"堵"的方法治水。失败后，禹接过了治水重任。他带着尺、绳等测量工具到全国的主要山脉、河流做了一番周密的考察，发现龙门山口过于狭窄，汛期洪水难以通过；他还发现黄河泥沙淤积，致使流水不畅。于是他采用了"治水须顺水性，水性就下，导之入海。高处就凿通，低处就疏导"的治水思想，确立了一条与他父亲相反的方针，叫作"疏"，即疏通水道，拓宽峡口，将洪水导入海中。禹治水13年，费尽心力，终于完成了这一件名垂青史的大业。

2. 夏至春秋战国时期（公元前21世纪—前221年）

这一时期，城市有较大发展，排水系统已逐步完善。下水管道得到普遍应用，与城内沟渠和城壕一起构成了完整的城市排水系统，将城内污水、雨水及时排到城外的河、湖中。

（1）河南偃师商城的排水设施。偃师商城位于河南偃师县城西部，北倚邙山，南临洛河，面积有190万 m²。排水设施在东二城门处。墙中间为通道，下深0.4m处有一排水沟，水沟内宽1.2m，深1.3m，上盖木板，两壁以石块砌成石柱，石柱中间夹立木柱，共同承托沟顶木板；下面铺满片状石块，内低外高，层层相叠，顺应流水走向，呈鱼鳞状。这条排水道与东墙外的护城壕相连。东墙外有一陂池，水池规模较大，长、宽各1500m，与护城壕相连。从这种石木相结合的大型地下排水设施可知，商代城市排水系统的规划建设相比于平粮台古城的排水设施有了较大的发展。另外，在宫城内，每座宫殿都有自己的小规模的排水系统。在宫殿基址的东北、东南和南庑南面共发现了三处石块砌成的排水沟。宫城内的各个宫殿之间的排水暗沟都是相通的，组成了一个小型的排水网。整个排水系统的设计、布局非常合理，而且结构坚固，显示了较高的规划、设计和工艺水平。

（2）山东临淄齐国故城。齐国故城位于今淄博市临淄区，距辛店北 8km 的齐都镇，东临淄河，西依系水（泥河），地势南高北低。临淄城作为齐国都城始于公元前 9 世纪 50 年代，至公元前 221 年齐灭，历时 630 余年，是当时最大的商业中心城市。城分大城和小城两部分，大城为郭，小城为宫，两城面积达 15km²。东西城墙紧临河岸，淄河、系水作为天然护城河，与大城南、北墙外，小城东、北墙及西墙南段挖筑的全长 11920m 的护城壕沟相沟通，四面环绕城墙，构成完整的排水网。

在小城西北部、桓公台东部发掘了一处规模较大、保存较好的战国时期的宫殿遗址。在每个建筑周围都发现有用河卵石铺成的斜坡式散水遗迹，并在地下发现了汇集水流的水管道。管道为陶质，断面或为边长 35cm 的三角形，或为直径约 25cm 的圆形，还有的是由两页筒形瓦扣合成的圆管道。宫廷院落内的积水通过管道或流入渗水坑，或流到院外，汇入城市排水系统。

齐都临淄人口超过 30 万，是当时东方最大的商业中心，可以认为，临淄齐故城基本代表了夏至春秋战国时期排水系统建设的最高水平。

3. 秦汉至五代时期（公元前 221 年—公元 960 年）

（1）秦咸阳宫排水设施完善。秦始皇二十六年（公元前 221 年），秦统一中国，定都咸阳。通过宫殿建筑区考古发现的陶质排水管道、排水池、散水等遗物、遗迹，我们可想象当年咸阳城排水系统的完善。陶质排水管道由陶管套接而成，陶管一般长 58～59cm，一端粗，一端细，粗端口径 28cm，细端口径 25cm，壁厚 1cm，表面饰绳纹。排水池 4 个，其中一个保存较好的排水池长 3.2m，宽 2.7m，深 0.4～0.7m。池底铺设板瓦，池壁接近底部用草拌泥涂抹，其东壁用空心砖砌筑。落水口在南，通于陶漏斗内，漏斗下为直角弯头，再下接套接而成的陶质管道。4 个排水池下接的陶质排水管道各接不同方向的排水设施。

（2）汉长安城排水系统科学。公元前 206 年刘邦建立汉，定都长安。汉代长安在今西安城西北，渭河横贯其北，众多支流纵横，素有"八水绕长安"之说。汉长安建于公元前 202—前 190 年，内城面积为 35km²。城市规划建设了完善周密的城市水系，解决了供水、排水、调蓄、航运等问题。由城壕和明渠组成的排水干渠系统总长约 35km，而且，汉长安城大道之旁都建有排水沟洫。在考古发掘工作中也经常发现横截面为五边形或圆形的陶质排水管道；在西安门路面底下还发掘出砖券涵道。此外，还有渗水井。这些排水管道、涵道、沟洫等排水设施，与城壕、明渠等排水干渠共同组成了完善的城市排水、排洪系统。

（3）唐长安城宫殿排水体系严密。唐长安城在今西安市区，始建于隋文帝开皇二年（582 年），称大兴城，唐朝建立后改称长安。唐长安城宫殿内的排水体系非常严密，比如，在唐西内苑故址发掘出土了一段唐代排水渠，属于地下暗渠，渠底和渠口铺砖或石，渠壁砌砖。为防止渠道淤塞，每隔一段即安装一组闸门。第一道闸门由铁条构成直棂窗形，以拦阻较大污物；第二道闸门为布满菱形镂孔的铁板，以滤出较小的污物。排水渠道不畅通时，只要打开闸门附近渠道口部的覆盖物，即可进行清理。

4. 宋元明清时期（960—1840年）

（1）北宋都城东京是古代城市排水的典范。北宋时期在城市排水史上占有重要一页。李明仲所著的《营造法式》一书中，有专章介绍水关的修筑方法，是宋代对城墙下排水设施修建的总结。东京即今开封。城市河道密度大、调蓄容量大。整个城市排水系统的规划设计和建造体现出很高的科技水平，城市排水设施的管理措施也很完备，是古代城市排水的典范。

（2）江西赣州古城福寿沟至今仍是赣州旧城区内的主要排水干道。赣州在宋代建成了比较完善的排水系统——福寿二沟。刘彝于北宋熙宁年间（1068—1077年）出任赣州知军，曾建设了"十二水窗"（即下水道出口闸门）以及福沟和寿沟两个排水系统，寿沟受城北之水，福沟受城南之水，纵横迂曲，条贯井然。"十二水窗"设计巧妙，能"视水消长而启闭"，其做法是在出水口处装一扇木门，门轴装在上游方向，江水低于下水道水位时，借下水道的水力冲开闸门，使雨水污水顺利排入江中；江水高于下水道水位时，则借江中的水力关闭闸门，阻止江水倒灌。福寿沟至今仍是赣州旧城区内的主要排水干道。

（3）金中都南城垣水关遗址水涵洞成为后代样本。金中都水关遗址位于北京市丰台区右安门外玉林小区，今凉水河以北70m处。遗址主要由城墙下过水涵洞的地面石、洞内两厢残石壁、进出水口两侧的四摆手及水关之上的城墙夯土四部分组成。从考古发掘可以看出，水关是修建在厚厚的沙层之上的。水关遗址的最下层钉有一排排的地桩，地桩之上铺设衬石枋，然后在衬石枋上铺设固定地面石、砌石板墙。两厢石板墙的外侧也钉有固沙的木桩，周围空隙处用沙石逐层夯实，最后在涵洞上修建城墙。金中都水关遗址的底部建筑结构，是现存中国古代都城水关遗址中体量最大的，基本上同宋代《营造法式》中介绍的一致，是研究我国古代建筑和水利设施的重要例证。元、明、清的水涵洞的建造在不同程度上都受到金中都水关建造设计的影响。

（4）元大都是中国城市排水史上的一座丰碑。元大都是今日北京的前身，至元四年（1267年）开始兴建，历时18载全部建成。元大都城址的选择充分考虑了供水和漕运的需求，郭守敬负责水利系统的设计建造。在大都城的建设中，不仅充分利用了地上水源开渠引水，而且修建了完善的明渠暗沟排水系统。大都城排水系统的规划设计与城市总体布局的规划设计是同时进行的，排水设施的建造先于城市道路、宫殿、城墙的建设或与后者同步。地下排水管道的铺设根据地形，因势利导，体现了先进的测量、设计和施工水平。

明清北京城是在元大都城的基础上改、扩建而成的，保留并疏浚了大都城的排水沟渠。明朝有记载的排水干渠有内城的大明壕、东沟、西沟和通惠河故道，以及外城的龙须沟、虎房桥明沟、正阳门东南三里河等。到了清朝，又增辟了一些新的渠道，最主要的是内城沿东西城墙内侧各开一条明沟、外城三里河以东从大石桥至广渠门内的明沟，以及崇文门东横亘东西的花市街明沟。

1.2 城市排水系统体制和组成

1.2.1 城市排水系统体制

在城市和工业企业中的生活污水、工业废水和雨水可以采用同一管道系统来排除，也可采用两个或两个以上各自独立的管道系统来收集和排除。由废水不同的收集与排除方式所形成的排水系统，称作排水系统的体制。排水系统的体制，一般分为合流制和分流制两种类型。

1.2.1.1 合流制排水体制

当采用一个管渠系统来收集和排除生活污水、工业废水和雨水时，则称为合流制排水系统，也称为合流管道系统，其排水量称为合流污水量。合流制排水系统又分为直排式和截流式。直排式合流制排水系统，是将排除的混合污水不经处理直接就近排入水体，国内外很多城镇的老城区仍保留这种排水方式。但这种排除形式因污水未经处理就排放，使受纳水体遭受严重污染，所以，这也是目前乃至今后很长一段时间内，老城镇改造中的重要工程。

随着城市化的推进和对水域环境保护的重视，对老城区及小城镇需进行基础设施改造，除了采用分流制排水系统外，最常见的排水系统改造是采用截污工程，即称为截流式合流制排水系统，如图1.3所示。这种系统是在临河岸边建造一条截流干管，同时在合流干管与截流干管相交前或相交处设置溢流井，并在截流干管下游设置污水处理厂。晴天和初期降雨时所有污水都送至污水处理厂，经处理后排入水体，随着降雨量的增加，雨水径流也增加，当混合污水的流量超过截流干管的输水能力后，就有部分混合污水经溢流井溢出，直接排入水体。截流式合流制排水系统比直排式排水系统在污水管理上有了很大提高，但仍有部分混合污水未经处理就直接排放，从而使水体遭受污染，这是它的不足之处。

1.2.1.2 分流制排水体制

当采用2个或2个以上各自独立的管渠来收集或排除生活污水、工业废水和雨水时，则称为分流制排水系统。收集并排除生活污水、工业废水的系统称为污水排水系统，收集或排除雨水的系统称为雨水排水系统，这就是常说的雨污分流形式。

由于排除雨水方式的不同，分流制排水系统又分为完全分流制和不完全分流制两种排水系统。完全分流制排水系统具有污水排水系统和雨水排水系统。而不完全分流制只具有污水排水系统，未建雨水排水系统，雨水沿天然地面、街道边沟、水渠等原有渠道系统排泄，或为了补充原有渠道系统输水能力的不足而修建部分雨水管道，待城市进一步发展后再修建雨水排水系统，使其转变成完全分流制排水系统，如图1.4所示。

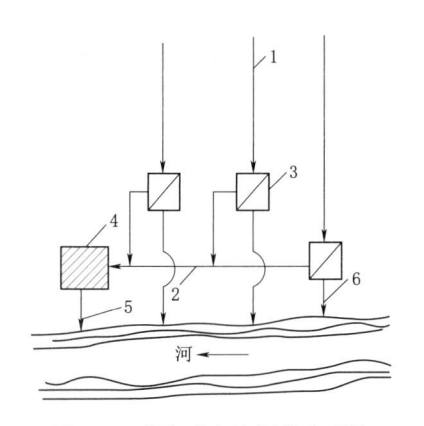

图1.3 截流式合流制排水系统
1—合流干管；2—截流主干管；3—溢流井；
4—污水处理厂；5—出水口；6—溢流出水口

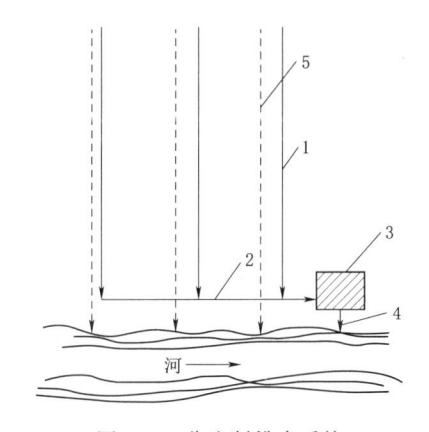

图1.4 分流制排水系统
1—污水干管；2—污水主干管；3—污水处理厂；
4—出水口；5—雨水干管

在一个城市中，有时合流制和分流制并存。合流制一般在老城区采用，新城区或城市的新建部分一般采用分流制。在大城市，因各区域的自然条件和修建情况差异较大，因地制宜地在各区域采用不同的排水体系也是合理的。

1.2.2 排水系统体制选择

合理地选择排水系统的体制，是城市和工业企业排水系统规划和设计的重要问题。它不仅从根本上影响排水系统的设计、施工、维护管理，而且对城市和工业企业的规划和环境保护影响深远，同时也影响排水系统工程的总投资和初期投资费用，以及维护管理费用。通常，排水系统体制的选择应首先满足环境保护的需要，根据当地条件通过技术、经济比较后确定。因此，应当根据城市和工业企业发展规划、环境保护、地形现状、原有排水工程设施、污水水质与水量、自然气候与受纳水体等因素，在满足环境卫生条件下，综合考虑确定。而环境保护应是选择排水体制时所考虑的主要问题。

1.2.2.1 环境保护方面

如果采用合流制将城市生活污水、工业废水和雨水全部截流送往污水处理厂进行处理，然后再排放，从控制和防止水体的污染来看，是较理想的；但按照全部截留污水量计算，则截流主干管尺寸很大，污水处理厂处理规模也会成倍增加，整个排水系统建设费用和运营费用也相应提高。所以采用截流式合流制时，截留倍数的确定是均衡水体环境保护和处理费用两个因素的重要指标。《室外排水设计规范》（GB 50014—2021）关于截流倍数的规定是：应根据旱流污水的水质、水量、受纳水体的环境容量和排水区域大小等因素经计算确定，宜采用2~5，并宜采取调蓄措施，提高截流标准，减少合流制溢流污染对河道的影响。同一排水系统中可采用不同截流倍数。

采用截流式合流制时，在暴雨径流之初，原沉淀在合流管渠的污泥被大量冲起，经溢流井溢入水体。同时雨天时有部分混合污水溢入水体。实践证明，采用截流式合流制的城市，水体污染日益严重。应考虑将雨天时溢流出的混合污水予以储存，待晴天时再将储存的混合污水全部送至污水处理厂进行处理，或者将合流制改建成分流制排水系统等。

分流制通过独立设置的污水管道系统将城市污水全部送至污水处理厂处理，是城市排水系统较为理想的做法，但分流制雨水排水系统，由于初期雨水未加处理就直接排入水体，对城市水体也会造成污染，这是它的缺点。近年来，国内外对雨水径流水质的研究发现，雨水径流特别是初期雨水径流对水体的污染相当严重。分流制虽然具有这一缺点，但它比较灵活，比较容易适应社会发展的需要，一般又能符合城市卫生的要求，所以在国内外获得了广泛的应用，而且也是城市排水体制的发展方向。

1.2.2.2 工程造价方面

国外有的经验认为合流制排水管道的造价比完全分流制一般要低20%~40%，但合流制的泵站和污水处理厂的造价却比分流制高。从总造价来看完全分流制比合流制可能要高。从初期投资来看，不完全分流制因初期只建污水排水系统，因而可节省初期投资费用，又可缩短工期，发挥工程效益也快。而合流制和完全分流制的初期投资均大于不完全分流制。

1.2.2.3 维护管理方面

在合流制管渠内，晴天时污水只是部分充满管道，雨天时才形成满流，因而晴天时合流制管内流速较低,易于产生沉淀。但经验表明,管中的沉淀物易被暴雨冲走,这样合流管道的维护管理费用可以降低。但是,晴天和雨天时流入污水处理厂的水量变化很大,增加了合流制排水系统污水处理厂运行管理中的复杂性。而分流制排水系统可以保持管内的流速,不致发生沉淀;同时,流入污水处理厂的水量和水质比合流制变化小得多,污水处理厂的运行易于控制。

总之,排水系统体制的选择是一项既复杂又很重要的工作。应根据城镇及工业企业的规划、环境保护的要求、污水利用情况、原有排水设施、水量、水质、地形、气候和水体状况等条件,在满足环境保护的前提下,通过技术经济比较综合确定。新建地区一般应采用分流制排水系统。但在特定情况下采用合流制可能更为有利。

1.2.3 城市排水系统组成
1.2.3.1 城市污水排水系统

城市污水排水系统包括室内污水管道系统及设备、室外污水管道系统、污水泵站及压力管道、污水处理厂、出水口及事故排出口。

1. 室内污水管道系统及设备

室内污水管道系统和设备的作用是收集生活污水并将其排出至室外庭院或街坊污水管道中去。在住宅及公共建筑内,各种卫生设备既是人们用水的容器,也是承受污水的容器,还是生活污水排水系统的起端设备。生活污水从这里经水封管、横支管、立管和出户管等室内管道系统流入室外庭院或街坊管道系统。在每一出户管与室外庭院或街坊管道相接的连接点处设置检查井,供检查和清通管道时使用。

2. 室外污水管道系统

分布在地面下的依靠重力流输送污水至泵站、污水处理厂或水体的管道系统。它包括居住小区管道系统和街道管道系统,以及管道系统上的附属构筑物。

居住小区污水管道系统(亦称专用污水管道系统)指敷设在居住小区内,连接建筑物出户管的污水管道系统。它分为接户管、小区支管和小区干管。接户管是指布置在建筑物周围接纳建筑物各污水出户管的污水管道。小区污水支管是指布置在居住小区内与接户管连接的污水管道,一般布置在小区内道路下。小区污水干管是指在居住小区内接纳各居住小区内小区支管流来污水的污水管道。一般布置在小区道路或市政道路下。居住小区污水排入城市排水系统时,其水质必须符合《污水排入城镇下水道水质标准》(GB/T 31962—2015)。居住小区污水排出口的数量和位置,要取得城镇排水主管部门的同意。

街道污水管道系统(公共污水管道系统)指敷设在街道下,用以排除从居住小区管道排出的污水,一般由支管、干管、主干管等组成。支管是承受居住小区干管流来的污水或集中流量排出污水的管道。干管是汇集输送支管流来污水的管道。主干管是汇集输送由两个或两个以上干管流来污水,并把污水输送至泵站、污水处理厂或通至水体出水口的管道。

污水管道系统上常设的附属构筑物有检查井、跌水井、倒虹管等。

3. 污水泵站及压力管道

污水一般以重力流排除,但当受到地形等条件限制、重力流有困难时,就需要设置泵站。泵站分为局部泵站、中途泵站和总泵站等。压送泵站出来的污水至高地自流管道或污水处理厂的承压管段,称为压力管道。

4. 污水处理厂

处理和利用污水、污泥的一系列构筑物及附属构筑物的综合体称为污水处理厂，简称污水厂。工厂中则称为废水处理站。城市污水处理厂通常设置在河流的下游地段，并与居民点或公共建筑保持一定的卫生防护距离。

5. 出水口及事故排出口

污水排入水体的渠道和出口称为出水口，它是整个城市污水排水系统的终点设施。事故排出口是指在污水排水系统的途中，在某些易于发生故障的组成部分前，所设置的辅助性出水渠，一旦发生故障，污水就通过事故排出口直接排入水体。

1.2.3.2 工业废水排水系统

1. 车间内部管道系统和设备

主要用于收集各生产设备排出的工业废水，并将其排送至车间外部的厂区管道系统中。

2. 厂区管道系统

敷设在工厂内，用以收集并输送各车间排出的工业废水的管道系统。厂区工业废水的管道系统，可根据具体情况设置若干个独立的管道系统。

3. 污水泵站及压力管道

主要用于将厂区管道系统内的废水提升至废水处理站。

4. 废水处理站

废水处理站是厂区内回收和处理废水与污泥的场所。在管道系统上，同样也设置检查井等附属构筑物。在接入城市排水管道前宜设置检测设施。

1.2.3.3 雨水排水系统

城市雨水排水系统作用是收集建筑屋面、庭院、街道地面等处的降雨及雪融水，通过排水管渠就近排至城市自然水体，雨水排水系统由下列几个主要部分组成。

1. 建筑物的雨水管道系统和设备

主要用于收集工业、公共或大型建筑的屋面雨水，将其排入室外雨水管渠系统中。

2. 居住小区或工厂雨水管渠系统

用于收集小区或工厂屋面和道路雨水，并将其输送至街道雨水管渠系统中。

3. 街道雨水管渠系统

用于收集街道雨水和承接输送用户雨水，并将其输送至河道、湖泊等水体中。

4. 排洪沟

排洪沟指为了预防洪水灾害而修筑的沟渠。在遇到洪水灾害时能够起到泄洪作用。一般多用于矿山企业生产现场，也可用于保护某些建筑物或者工程项目的安全，提高抵御洪水侵害的能力。

5. 出水口

出水口是指管渠排入水体的排水口，有多种形式，常见的有一字式、八字式和门字式。

收集屋面的雨水由雨水口和天沟，并经水落管排至地面；收集地面的雨水经雨水口流入街坊或厂区以及街道的雨水管渠系统。从建设和设计界限来看，前述雨水排水属于建筑排水工程范畴。而这里讲的城市雨水排水系统也称室外雨水排水系统,是指雨水口、连接管、雨水排水主管渠及检查井等附属构筑物,还包括城市排洪河道等构成的系统。

1.3 常见排水设施

1.3.1 排水管渠

排水管渠是城市排水系统的核心组成部分,一般分为管道和沟渠两大类。

为了排除雨水和污水,除管渠本身外,还需在管渠系统上设置某些附属构筑物,这些构筑物包括雨水口、连接暗井、溢流井、检查井、跌水井、水封井、冲洗井等。

管渠系统上的附属构筑物,有些数量很多,它们在管渠系统的总造价中占有相当大的比例。因此,使这些构筑物运行得合理,并使其发挥最大作用,是排水管渠运行维护的重要内容之一。

1.3.2 检查井

检查井是连接与检查管道的一种必不可少的附属构筑物,其设置的目的是更好地使用与养护管渠。

1.3.2.1 检查井的位置和间距

检查井的设置条件如下:

(1) 管道转向处。
(2) 管道交汇处。
(3) 管道管径或坡度改变处。
(4) 管道跌水处。
(5) 管道直线每隔一定距离处。其间距大小决定于管道性质、管径断面、使用与养护上的要求而定。

检查井在直线管渠段上的最大间距,一般可按表1.1选用。

表1.1　　　　　检查井的最大间距

管径或暗渠净高/mm	最大间距/m	管径或暗渠净高/mm	最大间距/m
300～600	75	1100～1500	150
700～1000	100	1600～2000	200

1.3.2.2 检查井类型

按检查井井身的平面形状,可分为圆形、方形、矩形或其他各种不同的形状。方形和矩形检查井用在大直径管道的连接处或交汇处。图1.5为大直径管道上改向的扇形检查井平面图。

按通过的介质成分的不同,可分为污水检查井、雨水检查井、耐腐蚀检查井等。

按检查井深度的不同,可分为不下人的浅检查井和可以下人的深检查井。深检查井设置在埋深较大的排水管道上,浅检查井和深检查井如图1.6和图1.7所示。

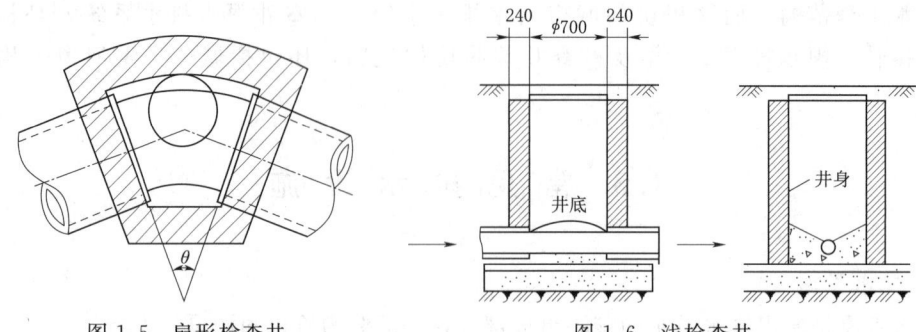

图 1.5　扇形检查井

图 1.6　浅检查井

1.3.2.3　检查井与管道的连接方法

（1）井中上下游管道相衔接处：一般采取工字式接头，即管内径顶平相接和管中心线相接（流水面平接）。不论何种衔接都不允许在井内产生壅水现象。

（2）流槽设置：为了保持整个管道有良好的水流条件，直线井流槽应为直线型，转弯与交汇井流槽应成为圆滑曲线型，流槽宽度、高度、弧度应与下游管径相同，至少流槽深度不得小于管径的1/2，检查井底流槽的形式如图 1.8 所示。

1.3.2.4　检查井构造及材料

检查井一般采用圆形，由井底（包括井基）、井身和井盖（包括盖座）三部分组成，如图 1.9 所示。

井身的材料可采用砖、石、混凝土或钢筋混凝土，国外多采用钢筋混凝土预制。近年来，美国已开始采用聚合物混凝土预制检查井。我国目前有的地方也开始采用钢筋混凝土

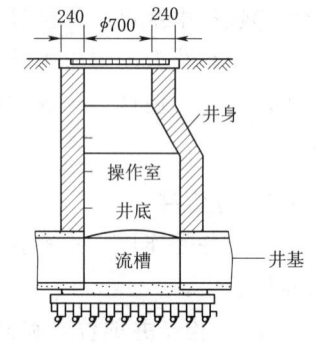

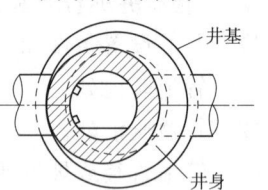

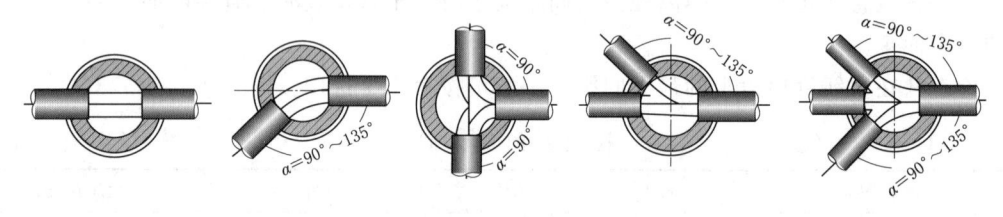

图 1.7　深检查井

图 1.8　检查井底流槽的形式

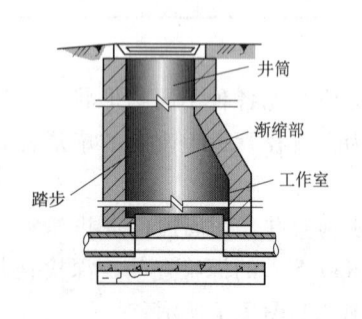

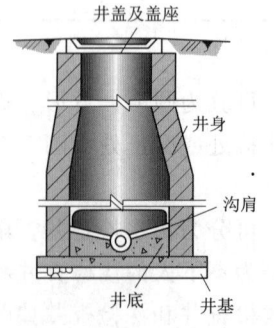

图 1.9　检查井

预制，而在许多工程施工中是采用 MU10 砖和用 M10 水泥砂浆砌筑。井内壁用 1：2.5 水泥砂浆加 5％防水粉抹面厚 20mm。无地下水时，井外壁用 1：2.5 水泥砂浆勾缝；有地下水时，用 1：2.5 水泥砂浆加 5％防水粉抹面厚 20mm，抹面高度应高出地下水位 0.5m。

井身的构造与是否需要工人下井有密切关系。不需要下人的浅井井身构造简单，为直壁圆筒形；需要下人的井在构造上分为工作室、渐缩部和井筒三部分，如图 1.9 所示。工作室是养护人员下井进行临时操作的地方，不应过分狭小，其直径不能小于 1m，其高度在埋深许可时一般采用 1.8m。为降低检查井造价，缩小井盖尺寸，井筒直径一般比工作室小，但为了工人检修出入安全方便，其直径不应小于 0.7m。井筒与工作室之间可采用锥形渐缩部连接，渐缩部高度一般为 0.6~0.8m，也可在工作室顶偏向出水管渠一侧加钢筋混凝土盖板梁，井筒则砌筑在盖板梁上。为便于上下，井身在偏向进水管渠的一边应保持一壁直立。

井盖可采用铸铁或钢筋混凝土材料，在车行道上一般采用铸铁。为防止雨水流入，盖顶略高出地面。盖座采用铸铁、钢筋混凝土或混凝土材料制作。现在一般都是厂家预制，图 1.10 所示为铸铁井盖及盖座，图 1.11 所示为钢筋混凝土井盖及盖座。

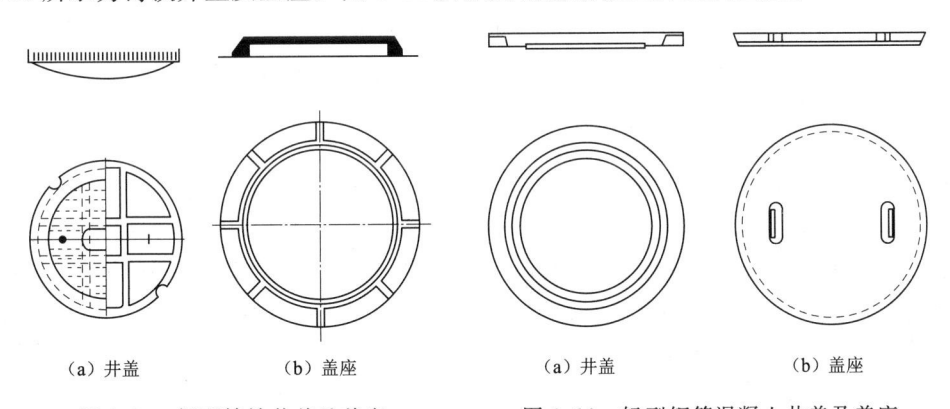

| （a）井盖 | （b）盖座 | （a）井盖 | （b）盖座 |

图 1.10 轻型铸铁井盖及盖座　　　图 1.11 轻型钢筋混凝土井盖及盖座

1.3.2.5 检查井的施工要点

以砖砌检查井为例，介绍一下检查井的施工。检查井的井壁厚度常为 240mm，采用全丁式或一顺一丁式的方式砌筑。砌筑时应注意以下几点：

（1）检查井的流槽应在井壁砌到管底时即开始砌筑。当采用砖石砌筑时，表面应用水泥砂浆分层压实抹光。

（2）井室内的踏步和脚窝应随砌随安（留），其尺寸要符合设计规定，砌筑砂浆未达到规定强度前不得踩踏。

（3）各种预留支管应随砌随安，管口应伸入井内 30mm，其管径、方向和标高均应符合设计要求，管与井壁衔接处应严密不得漏水。如用截断的短管时，其断管破茬不得朝向井内。

（4）砖砌圆形检查井时，应随时检测直径尺寸，当需要收口时，如为四面收进，则每次收进应不超过 30mm；如为三面收进，则每次收进最大不超过 50mm。

（5）检查井接入较大直径圆管时，管顶应砌砖券加固，当管径大于或等于 1000mm

时，拱券高应为250mm；管径小于1000mm时，拱券高应为125mm。

（6）检查井的井室、井筒内壁应用原浆勾缝。如有抹面要求时，内壁抹面应分层压实，外壁应用砂浆搓缝严实。并且盖座下的井室最上一层砖须是丁砖。

（7）检查井应边砌边回填土，每层高不宜超过300mm，必要时可采用灰土或填砂处理。

1.3.3 雨水口

雨水口是在雨水管渠或合流管渠上设置的收集地表径流的构筑物。雨水是通过雨水口收集，再经连接管进入雨水管渠或合流管渠的，因此，雨水口也叫收水井。

1.3.3.1 雨水口的位置、间距和数量

雨水口的设置位置应能保证迅速有效地收集地面雨水。一般应在道路交叉口、路侧边沟的一定距离处以及没有道路边石的低洼地方设置，以防雨水漫过道路或造成道路及低洼地区积水而妨碍交通。在直线道路上的间距一般为25~50m（视汇水面积的大小而定），在低洼和易积水的地段，应根据需要适当缩小雨水口的间距、增加雨水口的数量。雨水口的数量通常应按汇水面积内产生的径流量和雨水口的收水能力而定。一般一个平箅雨水口可收集15~20L/s的地表径流量，从而可确定雨水口的数量。此外，在确定雨水口的间距和数量时，还要考虑道路的纵坡和路边石的高度，尽量保证雨水不漫过道路。

1.3.3.2 雨水口的构造

雨水口包括进水箅、井筒和连接管三部分，如图1.12所示。

进水箅可用铸铁、钢筋混凝土或石料制成。实践证明，采用钢筋混凝土或石料进水箅虽可节约钢材降低造价，但其进水能力远不如铸铁进水箅。有的城市为加强钢筋混凝土或石料进水箅的进水能力，把雨水口的边沟沟底下降数厘米，但给交通带来不便，甚至可能引发交通事故。进水箅箅条的方向与进水能力也有很大关系，箅条与水流方向平行比垂直的进水效果好，因此常将进水箅箅条设计成纵横交错的形式（图1.13），以便收集路面上从不同方向流来的雨水。

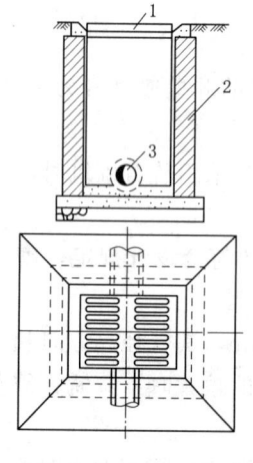

图1.12 平箅雨水口
1—进水箅；2—井筒；3—连接管

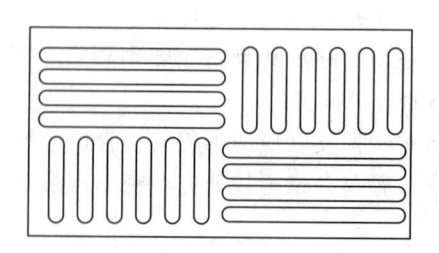

图1.13 箅条交错排列的进水箅

雨水口的井筒可用砖砌或用钢筋混凝土预制，也可采用预制的混凝土管。雨水口的深度一般不宜大于1m，在有冻胀影响的地区，雨水口的深度可根据经验适当加大。雨水口由连接管与道路雨水管渠或合流管渠的检查井相连接。连接管的最小管径为200mm，坡度一般为0.01，长度不宜超过25m。接在同一连接管上的雨水口一般不宜超过3个。

1.3.3.3 雨水口的形式

雨水口按进水箅在道路上的设置位置可划分如下：

（1）边沟式雨水口。进水箅稍低于边沟底水平放置，如图1.12所示。

（2）边石式雨水口。进水箅嵌入边石垂直放置，如图1.14所示。

（3）联合式雨水口。在边沟底和边石侧面都安放进水箅，双箅联合式雨水口如图1.15所示。

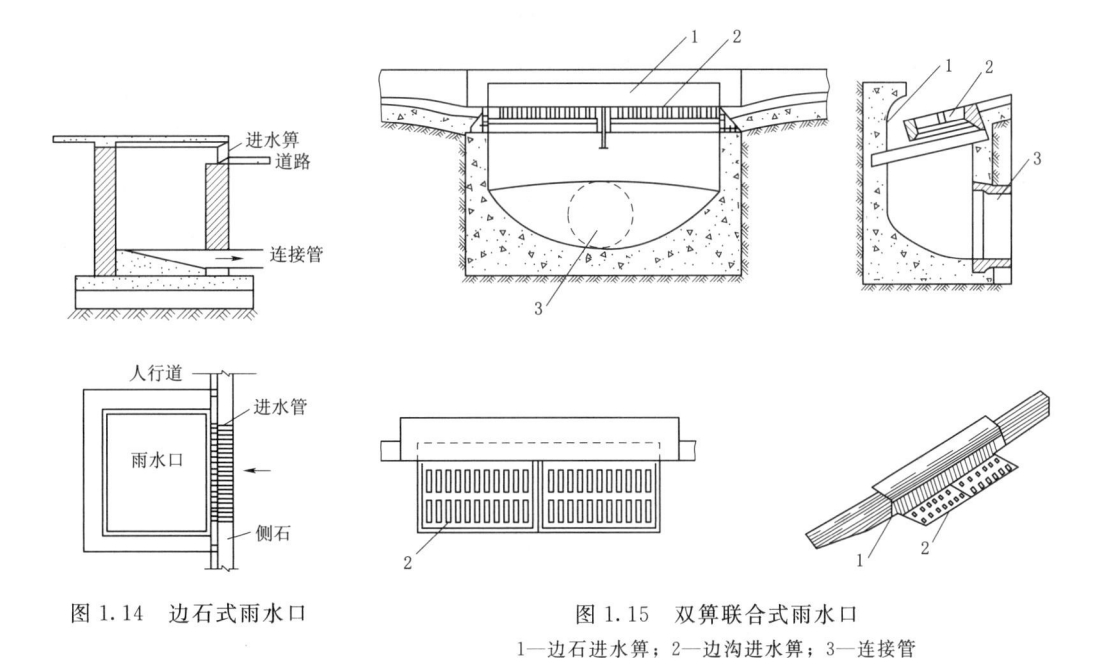

图1.14 边石式雨水口

图1.15 双箅联合式雨水口
1—边石进水箅；2—边沟进水箅；3—连接管

为提高雨水口的进水能力，目前我国南方大多数城市已采用双箅联合式或三箅联合式雨水口。由于扩大了进水箅的进水面积，收水效果良好。

根据需要在路面较差、地面上积秽很多的街道或菜市场等地方，可做成有沉泥井的雨水口。这种雨水口可截留雨水所挟带的砂砾，避免它们进入管渠造成淤塞。但沉泥井中往往会积水，孳生蚊蝇，散发臭气，影响环境卫生，因此需要经常清掏，增加了养护工作量。

1.3.3.4 雨水口的施工要点

以砖砌井筒的雨水口为例介绍雨水口的施工。砌筑前按道路设计边线和支管位置，定出雨水口的中心线桩，使雨水口一条长边必须与道路边线重合。按雨水口中心线桩开槽，注意留出足够的肥槽，开挖至设计深度。槽底要仔细夯实，遇有地下水时应排除地下水并浇筑C10混凝土基础。如槽底为松软土时，应夯筑3:7灰土基础，然后砌筑井墙。

砌井墙时，应按如下工艺进行：

（1）按井墙位置挂线，先砌筑井墙一层，然后核对方正。一般井墙内口为 680mm×380mm 时，对角线长 779mm；内口尺寸为 680mm×410mm 时，对角线长 794mm；内口尺寸为 680mm×415mm 时，对角线长 797mm。

（2）井墙厚 240mm，采用 MU10 砖和 M10 水泥砂浆按一顺一丁的形式砌筑。砌筑时随砌随刮平缝，每砌高 300mm 应将墙外肥槽及时回填夯实。砌至雨水连接管或支管处应满卧砂浆，砌砖已包满管道时应将管口周围用砂浆抹严抹平，不能有缝隙，管顶砌半圆砖券，管口应与井墙面齐平。当支管与井墙必须斜交时，允许管口入墙 20mm，另一侧凸出 20mm，超过此限值时，必须调整雨水口位置。井口应与路面施工配合同时升高，井底用 C10 豆石混凝土抹出向雨水连接管集水的泛水坡。

（3）井墙砌筑完毕后安装井圈。井圈安装时，内侧应与边石或路边成一直线，满铺砂浆，找平坐稳。井圈顶与路面齐平或稍低，但不得凸出。井圈安装好后，应用木板或铁板盖住，以防止在道路面层施工时被压坏。

1.3.4 特殊构筑物

1.3.4.1 跌水井

跌水井也叫跌落井，是设有消能设施的检查井。当上下游管道高差大于 1m 时，为了消能，防止水流冲刷管道，应设置跌水井。目前常用的跌水井有竖管式和溢流堰式两种，如图 1.16 所示。

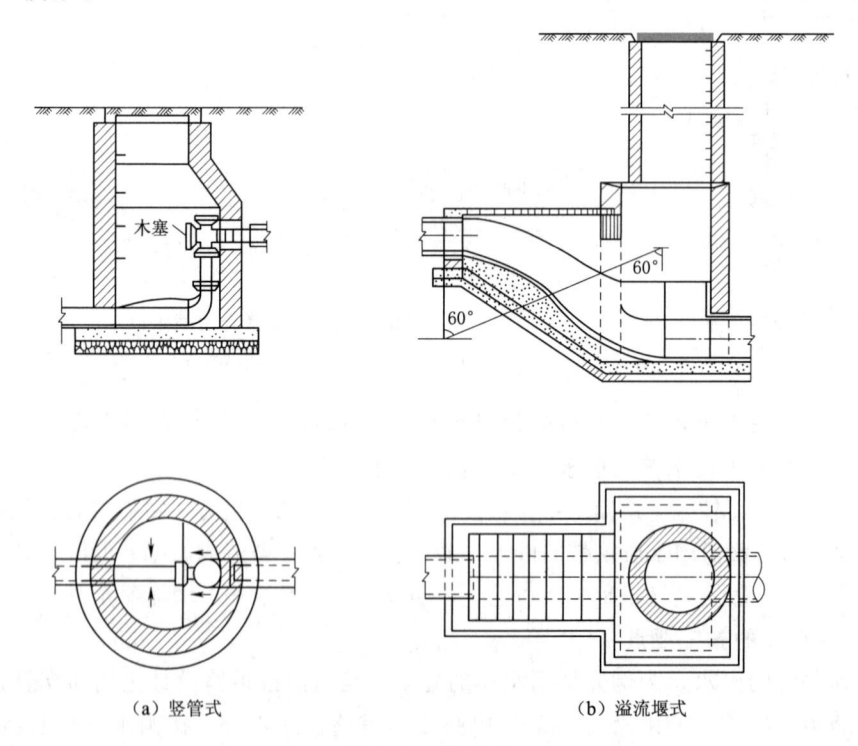

图 1.16 跌水井
（a）竖管式　（b）溢流堰式

当管道跌水高度在 1m 以内时，可不设跌水井，只需在检查井井底做成斜坡。通常在以下情形下必须采取跌落措施：

（1）管道垂直与陡峭地形的等高线布置，按照设计坡度露出地面。

（2）支线接入高程较低的干管处（支管跌落）或干管接入高程较低的支管处（干管跌落）。

此外，跌水井不宜设在管道的转弯处，污水管道和合流管道上的跌水井，宜设排气通风管，并应在该跌水井和上下游各一个检查井的井室内部及这三个检查井之间的管道内壁采取防腐蚀措施。

1.3.4.2 溢流井

溢流井一般用于合流管道，当上中游管道的水量达到一定流量时，由此井进行分流，将过多的水量溢流出去，以防止由于水量过分集中某一管段处而造成倒灌、检查井冒水危险或污水处理厂和抽水泵站发生超负荷运转现象。通常溢流井采用跳堰和溢流堰两种形式，如图 1.17 所示。

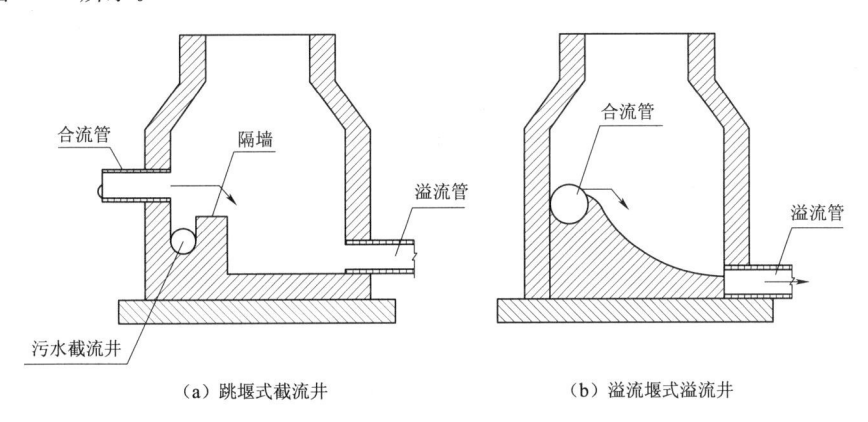

图 1.17 溢流井形式

（a）跳堰式截流井　　（b）溢流堰式溢流井

1.3.4.3 截流井

在改造老城区合流制排水系统时，一般在合流管道下游地段与污水截流管相交处设置截流井，使其变成截流式合流制排水系统。截流井的主要作用是正常情况下截流污水，当水量超过截流管负荷时进行安全溢流。常见截流井形式有堰式、槽式、槽堰结合式、漏斗式等（图 1.18）。

1.3.4.4 冲洗井

当污水管内的流速不能保证自清时，为防止淤塞，可设置冲洗井。冲洗井有人工冲洗井和自动冲洗井两种形式。自动冲洗井一般采用虹吸式，构造复杂，造价很高，目前很少采用。

人工冲洗井的构造比较简单，是一个具有一定容积的普通检查井。冲洗井出流管道上设有闸门，井内设有溢流管以防止井中水深过大。冲洗井可利用上游来的污水或自来水。用自来水时，供水管的出口必须高于溢流管管顶，以免污染自来水。

冲洗井一般适用于管径小于 400mm 的较小管道上，冲洗管道的长度一般为 250m 左右。

1.3.4.5 沉泥井

沉泥井主要用于排水管道中，是带有沉泥槽的检查井。可将排水管道中的砂、淤泥、

(a) 堰式　　(b) 槽式

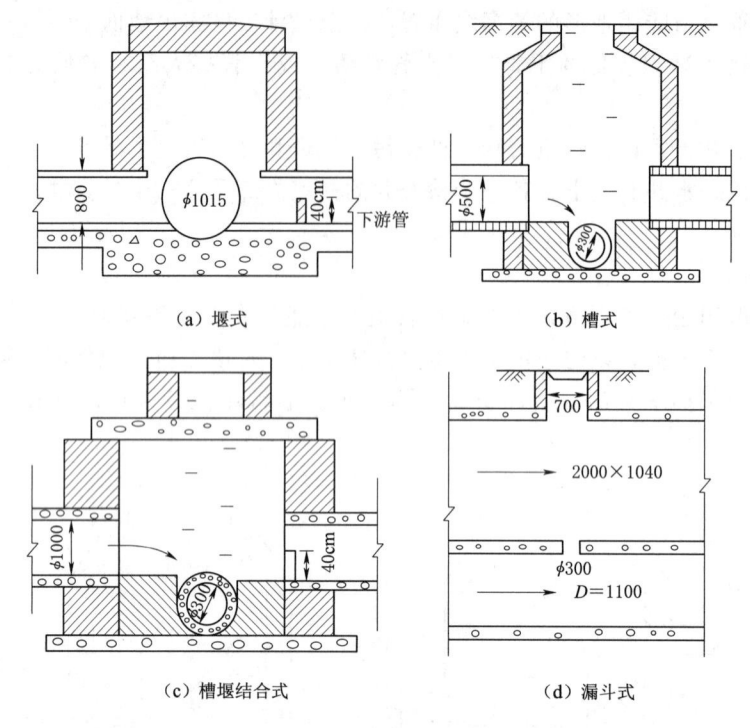

(c) 槽堰结合式　　(d) 漏斗式

图1.18　截流井形式

垃圾等物在沉泥槽中沉淀,方便清理,以保持管道畅通无阻。

应根据各地情况,在排水管道中每隔一定距离的检查井和泵站前一检查井设沉泥槽,深度宜为0.3~0.5m。对管径小于600mm的管道,距离可适当缩短。设计上一般相隔2~3个检查井设1个沉泥槽。

1.3.4.6　闸井

闸井一般设于截流井内、倒虹吸管上游和沟道下游出水口部位,其作用是防止河水倒灌、雨期分洪,以及维修大管径断面沟道时断水,闸井(图1.19)一般有叠梁板闸、单板闸、人工启闭机开启的整板式闸,也有电动启闭机闸。

1.3.4.7　换气井

污水中的有机物会在管渠中沉积而厌氧发酵,从而产生甲烷、硫化氢、二氧化碳等气体,这些气体如与一定体积的空气混合,遇明火将产生爆炸,甚至引起火灾。为防止此类偶然事故发生,同时也为保

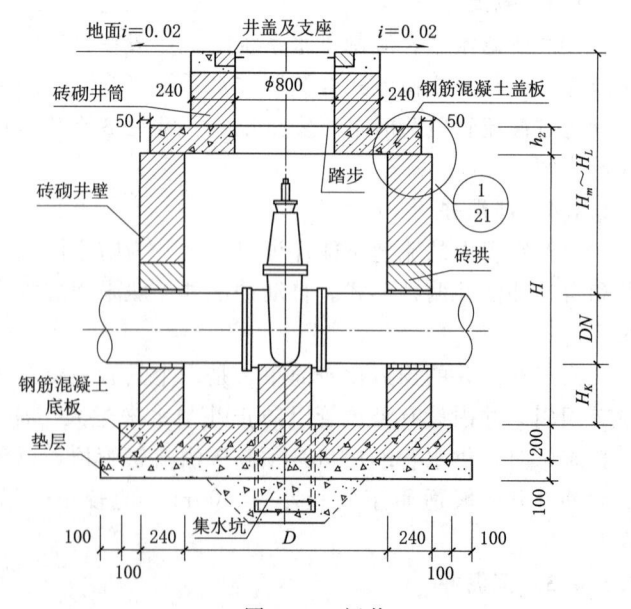

图1.19　闸井

证在检修排水管渠时工作人员能较安全地进行操作，有时在街道排水管的检查井上设通风管，使此类有害气体在住宅竖管的抽风作用下，随同空气沿庭院管、出户管和竖管排入大气中。这种设有通风管的检查井称换气井，如图1.20所示。

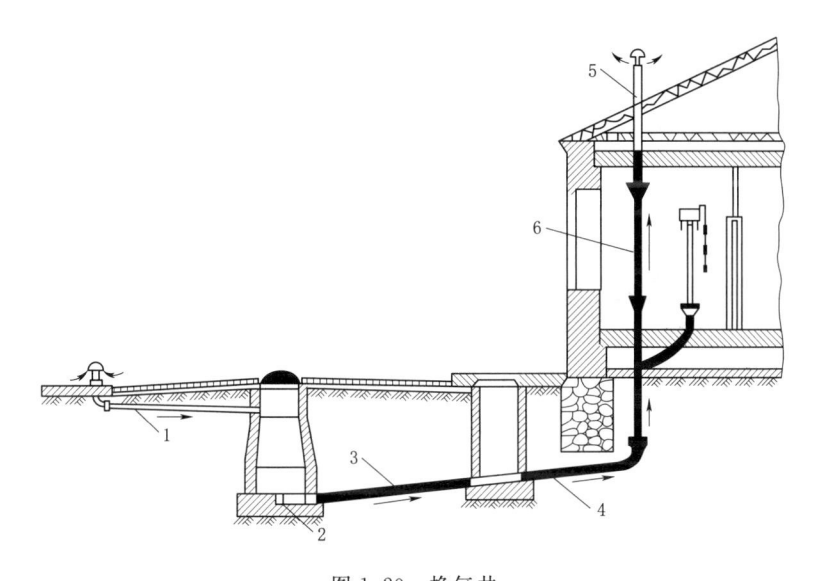

图1.20 换气井

1—通风管；2—街道排水管；3—庭院管；4—出户管；5—透气管；6—竖管

1.3.4.8 倒虹管

排水管渠遇到河流、山涧、洼地或地下构筑物等障碍物时，不能按原有的坡度埋设，而是按下凹的折线方式从障碍物下通过，这种管道称为倒虹管。倒虹管由进水井、下行管、平行管、上行管和出水井等组成，如图1.21所示。

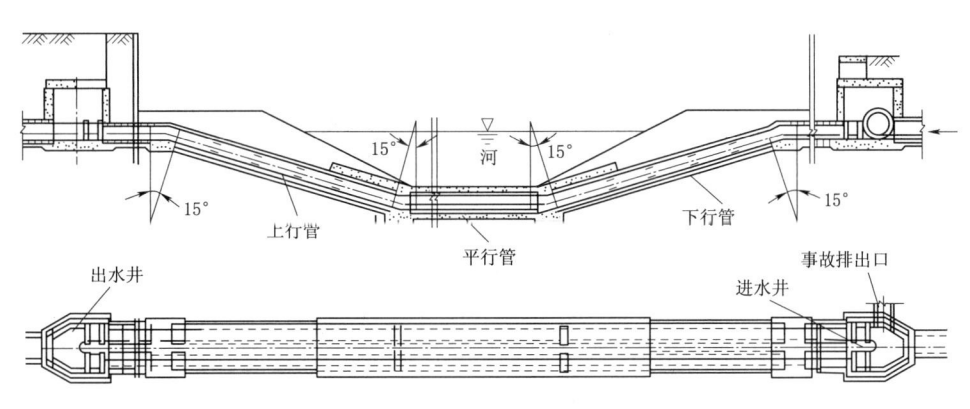

图1.21 倒虹管

倒虹管线应尽可能与障碍物正交通过，以缩短其长度，并应选择在河床和河岸较稳定、不易被水冲刷的地段及埋深较小的部位敷设。通常工作管线不少于两条，当污水流量较小时，其中一条备用。如倒虹管穿过旱沟、小河和谷地时，也可单线敷设。由于倒虹管的清通比一般管道困难得多，因此必须采用各种措施来防止倒虹管内污泥淤积。

1.3.4.9 出水口

1. 出水口类型

(1) 淹没式出水口：这种方式多用于排放污水和经混合稀释的污水。

(2) 非淹没式出水口：此种多用于排放雨水或经过处理的污水。其位置应设置在城市水体下游，并且有消能防冲刷措施。在构造形式上，一般为一字式（图 1.22）、八字式（图 1.23）和门字式（图 1.24）三种形式，可用砖砌、石砌或混凝土砌筑。

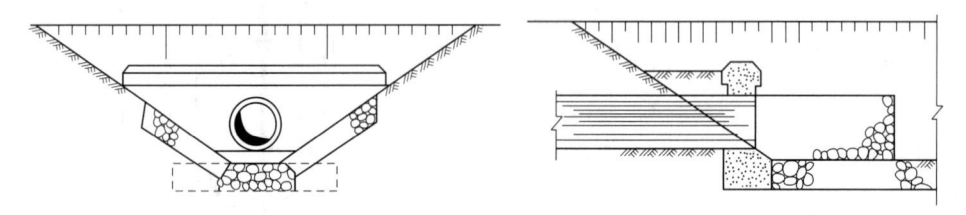

图 1.22 一字式出水口

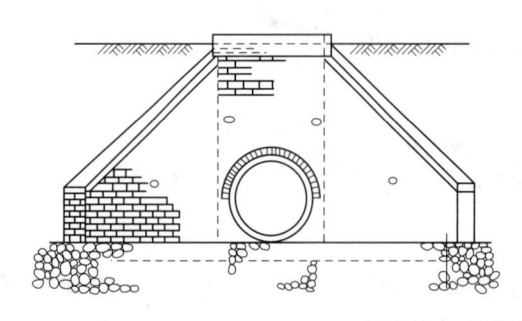

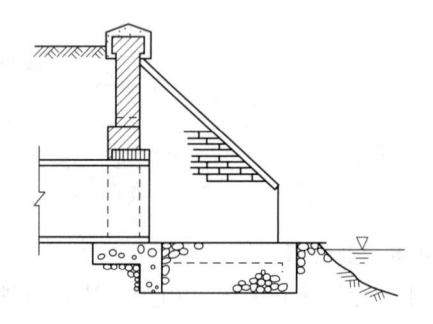

图 1.23 八字式出水口

2. 出水口设置要求

(1) 排水灌渠出水口位置、形式和出口流速应根据受纳水体的水质要求、水体流量、水位变化幅度、水流方向、波浪状况、稀释自净能力、地形变迁和气候特征等因素确定。

(2) 出水口应采取防冲刷、消能、加固等措施，并设置警示标识。

(3) 受冻胀影响地区的出水口应考虑采取耐冻胀材料砌筑，出水口的基础应设在冰冻线以下。

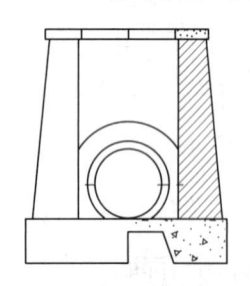

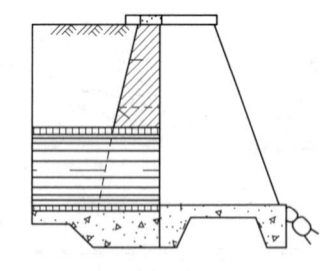

图 1.24 门字式出水口

1.3.4.10 围堰

围堰是指在水利工程建设中，为了建造永久性水利设施，修建的临时性围护结构。其作用是防止水和土进入建筑物的修建位置，以便在围堰内排水，开挖基坑，修筑建筑物。一般主要用于水工建筑中，除作为正式建筑物的一部分外，围堰一般在用完后拆除。围堰高度必须高于施工期内可能出现的最高水位。

1.3.5 泵站

当管道的上游水头低、下游水头高时,为使上游低水头改变成下游高水头,需要在变水头的部位加设抽水泵站,采用人为的方法提高管道中的水位高度。抽水泵站一般可分为雨水泵站、污水泵站与合流泵站三类,并由以下部分组成:

(1) 泵房建筑。包括泵站的地点,泵房的建筑结构形式等。

(2) 进水设施。包括格栅和集水池等。

(3) 抽水设备。

1) 水泵。水泵型号、流量、扬程、功率应满足上游来水所需抽升水量和抽升高度的要求。

2) 电动机。电动机功率应稍大于水泵轴功率,其大小要相互适应。

(4) 管道设施。包括进水管道、出水管道和安全排水口。

(5) 电气设备。包括电器启动和制动逆行控制系统。

(6) 起重吊装设备。用以适应设备安装与维修工作需要。

1.3.6 调蓄池

调蓄池一般分为雨水调蓄池和合流调蓄池。

雨水调蓄池是一种用于雨水调蓄和储存雨水的收集设施,占地面积大,可建造于城市广场、绿地、停车场等公共区域的下方,也可以利用现有的河道、池塘、人工湖、景观水池等设施。主要作用是把雨水径流的高峰流量暂时存入其中,待流量下降后,再从雨水调蓄中将雨水慢慢排出,以削减洪峰流量,实现雨水利用,避免初期雨水对下游受纳水体的污染,控制面源污染。特别是在下凹式桥区、雨水泵站附近设置带初期雨水收集池的调蓄池,既能规避雨水洪峰,实现雨水循环利用,避免初期雨水污染,又能对排水区域间的排水调度起到积极作用。

合流调蓄池主要设置于合流制排水系统的末端,采用调蓄池将截流的合流污水进行水量和水质调蓄,既能减少对污水处理厂造成冲击负荷,保证污水处理厂的处理效果,又能提高截流量、减少合流制溢流对水体的污染。

第2章

排水泵站基础知识

2.1 排 水 泵 站

2.1.1 排水泵站概述

2.1.1.1 排水泵站定义及分类

将各种污（废）水由低处提升到高处所用的抽水机械称为排水泵。由安置排水泵及有关附属设备的建筑物或构筑物（如水泵间、集水池、格栅、辅助间及变电室）组成排水泵站。

排水泵站通常按照以下方法分类：

(1) 排水泵站按排水的性质可分为污水泵站、雨水泵站、合流泵站和污泥泵站等。
(2) 按在排水系统中所处的位置，又分为局部泵站、中途泵站和终点泵站。
(3) 按集水池和水泵间的组合情况可分为：合建式泵站和分建式泵站。
(4) 按水泵启动方式可分为：自灌式泵站和非自灌式泵站。
(5) 按泵房平面形状可分为：圆形泵站、矩形泵站和组合形泵站。
(6) 按泵站和地面的相对位置可分为：半地下式泵站和全地下式泵站。
(7) 按水泵的操控方式可分为：人工操控泵站、自动控制泵站和遥控泵站。
(8) 按水泵的泵型可分为：离心泵站、轴流泵站、混流泵站、潜水泵站、立式泵站、卧式泵站等。
(9) 按使用情况可分为：永久性泵站、半永久性泵站和临时泵站。
(10) 按规模划分可分为：大型泵站（35kV）、中型泵站（10kV）、小型泵站（0.4kV）。

2.1.1.2 排水泵站的基本形式

排水泵站的类型取决于进水管渠的埋设深度、提升流量、水泵机组的型号与台数、水文地质条件以及施工方法等因素。选择排水泵站的类型应从造价、布置、施工、运行条件等方面综合考虑。本节介绍常见排水泵站的基本形式。

1. 局部泵站、中途泵站和终点泵站

由于排水管道中的水流基本上是重力流，管道需沿水流方向按一定的坡度倾斜敷设，在地势平坦地区，管道埋深增大，使施工困难，费用升高，需设置泵站，把离地面较深的污水提升到离地面较浅的位置上。这种设在管道中途的泵站称作中途泵站。当污水和雨水需直接排入水体时，若管道中水位低于河流中的水位，就需设终点泵站。有时，出水管渠口即使高出常水位，但低于潮水位，在出口处也需建造终点雨水泵站。当设有污水处理厂时，为了使污水能自流过地面上的各处理构筑物，也需设终点泵站。在污水处理厂中，处理和输送污泥过程中，都需设污泥泵站。在某些地形复杂的城市，需把低洼地区的污水用水泵送至高位地区的干管中；另外，一些低于街道管道的高楼的地下室、地下铁道和其他地下建筑物的污水也需用泵提升送入街道管道中，这种泵站称为局部泵站。

2. 合建式泵站和分建式泵站

按集水池与机器间的组合情况，又可分为合建式泵站和分建式泵站。按泵站的平面形状可分为圆形和矩形，也有下部为圆形上部为矩形的。按操作方式，可分为人工操作式、自动控制和遥控式（远程控制）。按水泵的灌水方式，可分为自灌式和非自灌式。前者污水可自流灌入水泵，水泵直接启动运行；后者在水泵启动前，一般用真空泵先抽除吸水管内空气后方能启动运行。由于污水泵站开停频繁，水泵大多数为自灌式工作。

合建式污水泵站的集水池和机器间设在有隔墙分开的同建筑物内，如图2.1所示。其平面形状有圆形、矩形和下圆上矩形等。圆形泵站结构受力条件好，有利于采用沉井法施工，造价较低，但因机器间为半圆形，机组及设备布置较困难，适用于中小规模的泵站。当污水量较大，水泵数量较多时，宜采用矩形泵站。这种泵站的机器间布置合理，其长度可根据水泵型号及台数确定。当污水量较大，水泵台数较多，地质水文条件较差，需采用沉井法施工时，可采用下圆上矩形的泵站。合建式泵站采用卧式水泵或立式水泵。采用卧式水泵时，电动机置于泵房下部，易受潮湿，操作人员上下楼梯，管理不便。采用立式水泵可避免上述缺点，但在安装时须保持机组轴线垂直，以免运行时产生振动，造成机件磨损，缩短机件寿命。

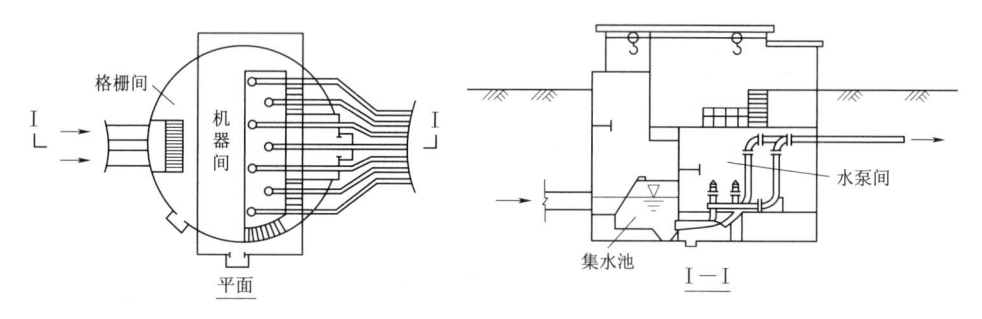

图 2.1 合建式污水泵站

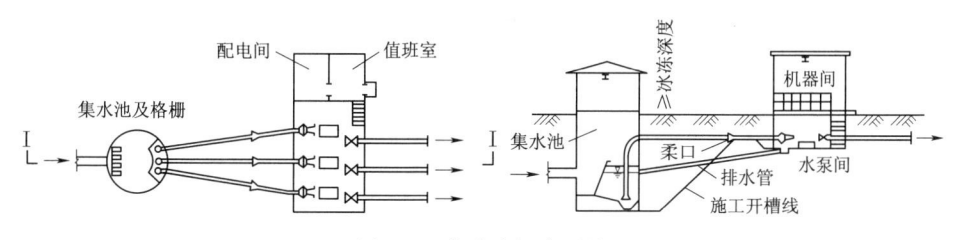

分建式污水泵站一般是将集水池与机器间分开修建，如图2.2所示。水泵吸水方式为非自灌式。当地基承载力差及地下水位较高时，为节省工程投资和施工方便，多采用分建式污水泵站。这种泵站机器间的地坪标高可高于集水池水位，但需低于水泵实际最大允许吸水真空高度。分建式泵站的优点是：构造简单，施工方便，投资低。缺点是水泵启动时需先用真空泵抽除吸水管中的空气，然后才能启动水泵抽水，操作不便。

图 2.2 分建式污水泵站

3. 自灌式泵站、半自灌式泵站和非自灌式泵站

根据水泵及吸水管的充水情况，水泵的启动方式可分为自灌式泵站、半自灌式泵站和非自灌式泵站 3 种。

采用自灌式时水泵叶轮（或泵轴）应低于集水池的最低水位，在最高、最低和中间水位三种情况下水泵都可以直接启动。这种启动方式不需要设置引水的辅助设备，操作简单，启动及时，便于自控。缺点是泵房埋深大，工程造价高，管理、维修不便，电动机容易受潮，需加强室内通风和烘干空气的设施。自灌式泵房在排水泵站中应用很广，特别是在要求开起及时的立交泵站、自动化程度要求高的污水泵站、较重要地区的雨水泵站、开起频繁的污水泵站应尽量采用自灌式泵房。

非自灌式水泵的泵轴高于集水池的最高水位，不能直接启动，由于吸水管不能设底阀，所以需设引水设备，每次启动前都需用引水设备灌水启动，故操作较为繁琐，对管理人员操作要求高。这种泵房的最大优点是深度较浅，施工简单，室内通风、卫生条件好，管理维护方便。

半自灌式水泵就是水泵叶轮在最高水位和最低水位之间。对于进水水位变化较大的泵房，可以采用半自灌式的运行方式，即最高水位时自灌，水位低时引水起泵。

4. 圆形泵站、矩形泵站和组合形泵站

当泵站规模较小，水泵不超过 5 台时，下部结构宜采用圆形，具有受力条件好、便于施工的优点。上部建筑可建成圆形或方形。上部建筑为方形时平面利用率高，方便机组和附属设备的布置。圆形泵房可采用沉井法施工。当泵房规模较大，水泵超过 4 台时，地下部分多采用矩形或梯形，上部为矩形。组合形更具水力条件较好的优点。矩形及组合形泵房多为开槽施工。圆形泵房和矩形泵房如图 2.3 所示。

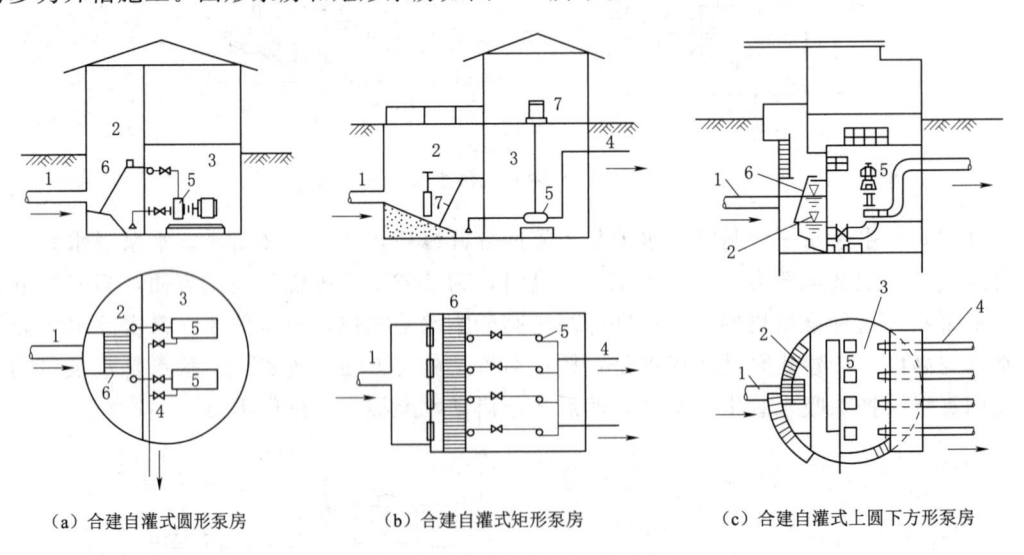

（a）合建自灌式圆形泵房　　（b）合建自灌式矩形泵房　　（c）合建自灌式上圆下方形泵房

图 2.3　圆形泵房和矩形泵房

1—集水池进水管；2—集水池；3—机器间；4—水泵出水管；5—水泵机组；6—格栅；7—电动机

5. 半地下式泵站和全地下式泵站

泵房的机器间包括地上和地下两部分称为半地下式泵房。机器间的高程取决于非自灌

式水泵吸水管的最大吸程和水泵自灌式启动的要求。地上建筑物空间要满足采光、照明、通风、吊装、运输、维修及操作的要求，并设置工作人员的值班室和配电室，排水泵站一般采用半地下式泵房。泵房均为半地下式泵房。

在某些特定情况下，泵房的全部构筑物都要求设置在地面以下，地面上只留有供出入泵房的门（人孔）、通气孔、吊装孔，这种泵房形式称全地下式泵房。全地下式泵房几乎没有占地问题，当地面上不允许建筑物时可设成全地下式泵房，全地下式泵房可以减少噪声和气味对周围环境的影响。全地下式泵房的所有进出口的高程均应比室外地面高出 0.2m 以上，并高出防洪设计的洪水位 0.5m。全地下自灌式泵房如图 2.4 所示。

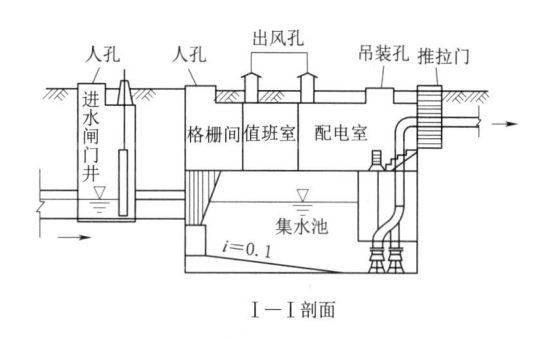

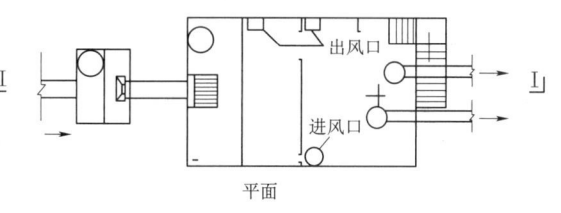

图 2.4 全地下自灌式泵房

2.1.2 排水泵站的组成

2.1.2.1 事故溢流井

事故溢流井作为应急排水口，在泵站由于水泵或电源发生故障而停止工作时，排水管网中的水继续流向泵站。

为了防止污水淹没集水池，在泵站进水管前设一专用闸门井，当发生事故时关闭闸门，将污水从溢流排水管排入自然水体或洼地。溢流管上可根据需要设置阀门，通常应关闭。事故排水应取得当地卫生监督部门同意。

2.1.2.2 格栅

格栅用来拦截雨水、生活污水和工业废水中大块的悬浮物或漂浮物，用以保护水泵叶轮和管道配件，避免堵塞和磨损，保证水泵正常运行。

格栅由一组平行的栅条组成，一般倾斜放置在泵站前的集水池内，安装在集水池前端，倾角角度为 60°～70°。有条件时，宜单独设置格栅间，以利于管理和维修。小型格栅拦截的污物少，可采用人工清除。大型格栅多采用机械清除。

2.1.2.3 集水池

集水池的功能是，在一定程度上调节来水量的不均匀，以保证水泵在较均匀的流量下高效率工作。集水池的尺寸应满足水泵吸水装置和格栅的安装要求。

2.1.2.4 水泵间

水泵间用来安装水泵机组和有关辅助设备。

2.1.2.5 辅助间

为满足泵站运行和管理的需要，所设的一些辅助性房间称为辅助间。主要有修理间、储藏间、休息间、卫生间等。

2.1.2.6 出水井

出水井是一座把水泵压水管和排水明渠相衔接的构筑物,主要起消能稳流的作用,同时还有防止停泵时水倒流至集水池。压水管路的出口设在出水井中,这样可以省去阀门,降低造价及运行管理费用。

2.1.2.7 专用变电所

专用变电所的设置应根据泵站电源的具体情况确定。用来装设变电设备。

2.1.3 排水泵站的一般规定

2.1.3.1 排水泵站的规模

排水泵站的规模应按排水工程总体规划所划分的远近期规模设计,应满足流量发展的需要。排水泵站的建筑物宜按远期规模设计,水泵机组可按近期水量配置,根据当地的发展,随时增装水泵机组。

2.1.3.2 排水泵站的占地面积

排水泵站的占地面积与泵站性质、规模以及所处的位置有关。国内各大城市一些泵站的资料汇总见表2.1,可供参考。

表2.1　　　　　　　　不同流量情况下各种泵站占地面积

设计流量/(m³/s)	泵站性质	占地面积/m² 城、近郊区	占地面积/m² 远郊区
<1	雨水	400~600	500~700
<1	污水	900~1200	1000~1500
<1	合流	700~1000	800~1200
<1	立交	500~700	600~800
<1	中途加压	300~500	400~600
1~3	雨水	600~1000	700~1200
1~3	污水	1200~1800	1500~2000
1~3	合流	1000~1300	1200~1500
1~3	中途加压	500~700	600~800
3~5	雨水	1000~1500	1200~1800
3~5	污水	1800~2500	2000~2700
3~5	合流	1300~2000	1500~2200
5~30	雨水	1500~8000	1800~10000
5~30	污水	2000~8000	2200~10000

注　1. 表中占地面积主要指泵站围墙以内的面积。从进水到出水,包括整个流程中的构筑物和附属构筑物以及生活用地、内部道路及庭院绿化等面积。
　　2. 表中占地面积系指有集水池的情况,对于中途加压泵站,若吸水管直接与上游出水压力管连接,则占地面积尚可相应减小。
　　3. 污水处理厂内的泵房占地面积由污水处理厂平面布置决定。

2.1.3.3 排水泵站单独建设的规定

城市排水泵站一般规模较大,对周围环境影响较大,因此,宜采用单独的建筑物。工业企业及居住小区的排水泵站是否与其他建筑物合建,可视污水性质及泵站规模等因素确定。

2.1.3.4 排水泵站的位置

排水泵站的位置应视排水系统上的需要而定,通常建在需要提升的管(渠)段,并设在距排放水体较近的地方。并应尽量避免拆迁,少占耕地。由于排水泵站一般埋深较大,且多建在低洼处,因此,泵站位置要考虑地质条件和水文地质条件,要保证不被洪水淹没,要便于设置事故排放口和减少对周围环境的影响,同时,也要考虑交通、通信、电源等基础条件。

单独设立的泵站,根据废水对大气的污染程度,机组噪声等情况,结合当地环境条件,应与居住房屋和公共建筑保持必要距离,四周应设置围墙,并应绿化。

2.2 常见水泵基础知识

2.2.1 水泵的用途及类型

2.2.1.1 水泵的作用

泵是把动力机的机械能转换为所抽送液体的能量的机械。在泵的作用下,液体能量增加,从而被提升、增压或输送到所需要之处。用以输送水或给水增加能量的泵称为水泵。

泵的应用范围包括农田排灌、城镇供水、浆料输运、石油化工、动力工业、采矿和造船工业,以及在火箭燃料供给、船舶及水陆两栖战车的推进等方面,也得到广泛应用。它除了可以用来抽水外,还可抽送其他液体,如油、血液、液态氢等,甚至抽送带有固体粒块的浆液,如泥浆、煤浆、灰浆、纸浆等。由于大部分场合下用于抽水,所以,习惯上将其称为水泵,有时简称泵。在特定的领域,也常根据抽送的介质将泵称为油泵、血泵、热泵、泥浆泵等。

泵是一种通用机械,种类多、用途广。在国民经济各部门中,凡是有液体流动的地方,就有泵在工作。因为有了现代泵及泵站技术,才使得各类产业向大规模、自动化、集约化发展,才形成了现代意义上的大都市及城镇的人们可以很方便地享用清洁的生产和生活用水。

2.2.1.2 水泵的类型

水泵品种繁多,结构各异,按工作原理可分为以下几种。

1. 叶片式泵(叶片泵)

叶片式泵是靠叶轮带动液体高速旋转而把机械能传递给所输送的液体。根据泵的叶轮和流道结构特点的不同,叶片式泵又可分为离心泵、轴流泵、混流泵三种。

离心泵按照泵轴的装置方式可分为卧式泵和立式泵;根据水流进入叶轮的方式可分为单吸泵和双吸泵;根据轴上安装叶轮的个数可分为单级泵和多级泵。

轴流泵按泵轴装置方式可分为立式泵、卧式泵和斜式泵,按叶片调节的可能性可分为固定式泵、半调节式泵和全调节式泵。

混流泵按结构形式分为蜗壳式和导叶式。

2. 容积式泵

容积式泵靠工作部件的运动造成工作容积周期性的增大和缩小来输送液体。依据运动部件运动方式的不同，容积式泵又分为往复泵和回转泵两种。往复泵是利用柱塞在泵缸内做往复运动来改变工作室的容积而输送液体的。例如，拉杆式活塞泵是靠拉杆带动活塞做往复运动进行提水的。回转泵是利用转子做回转运动来输送液体的。

3. 其他类型泵

叶片式泵和容积式泵以外的特殊泵型称为其他类型泵。在灌排泵站中有射流泵、水锤泵、气升泵（又称空气扬水机）、螺旋泵、内燃泵等。其中，除螺旋泵是利用螺旋推进原理来提高液体的位能外，其他各种泵都是利用高速液流或气流的能量来输送液体的。

叶片式泵覆盖了从低扬程到高扬程、从小流量到大流量的广阔区，使用范围宽广。在排灌用泵中使用最多的是叶片式泵。因此，本节将着重讲解叶片式泵。

2.2.2 叶片泵的分类、型号及结构

2.2.2.1 叶片泵的分类

叶片泵是一种使用面广且量大的通用流体机械设备。由于应用场合、性能参数、输运介质和使用要求的不同，其品种及规格繁多，结构也呈各种各样的形式。根据不同的要求，叶片泵一般可分为如下几类：

(1) 按其工作原理可分为离心泵、混流泵和轴流泵。
(2) 按泵轴的工作位置可分为卧式泵、立式泵和斜式泵。
(3) 按压水室的形式可分为蜗壳式泵和导叶式泵。
(4) 按叶轮的吸入方式可分为单吸式泵和双吸式泵。
(5) 按叶轮的个（级）数可分为单级泵和多级泵等。

综上所述，叶片泵可按如图 2.5 所示的方法进行分类。

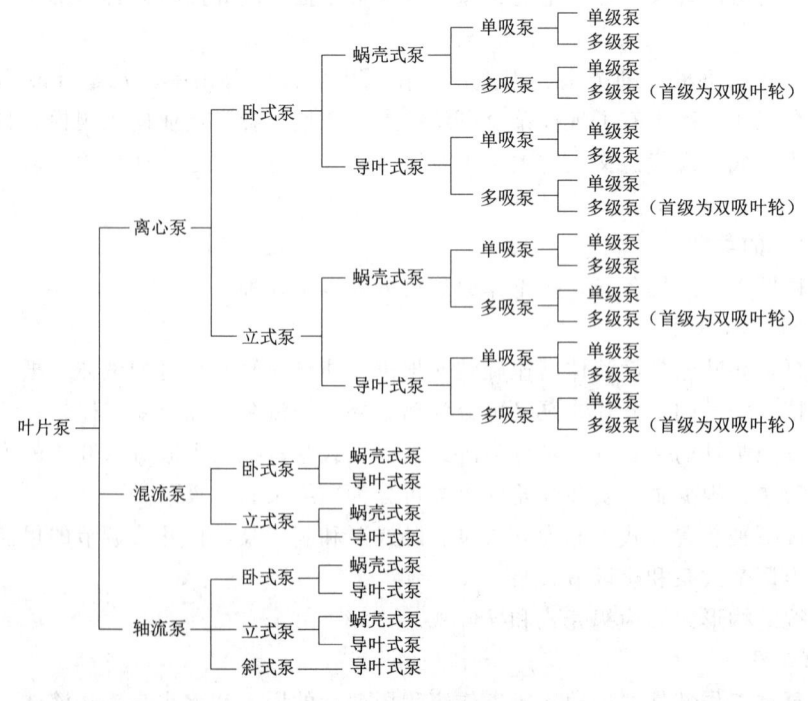

图 2.5 叶片泵分类图

叶片泵的结构形式名称一般是由几个描述该泵结构类型的术语来命名的。常用的叶片泵都可在上述的分类中找到自己所隶属的结构类型，如卧式单级单吸蜗壳式离心泵、立式多级导叶式混流泵等结构形式名称。

2.2.2.2 叶片泵的型号

叶片泵型号表明了泵的结构形式、规格和性能。在泵样本及使用说明书中，均有对该泵型号的组成及含义的说明。表2.2给出了部分泵型号中某些字母通常所代表的含义。

表 2.2　　　　　　　　常用泵型号中汉语拼音字母及其意义

字母	表示的结构形式	字母	表示的结构形式
B	单级单吸悬臂式离心泵	ZLB	立式半调节式轴流泵
D	节段式多级离心泵	ZLQ	立式全调节式轴流泵
R	热水泵	HD	导叶式混流泵
F	耐腐蚀泵	HL	立式混流泵
Y	油泵	S	单级双吸卧式离心泵
DL	立式多级节段式离心泵	ZWB	卧式半调节式轴流泵
WG	高扬程卧式污水泵	ZWQ	卧式全调节式轴流泵
ZB	自吸式离心泵	HW	蜗壳式混流泵
YG	管道式油泵	QJ	井用潜水泵

该表中的字母皆为描述泵结构或结构特征的汉字拼音字母的第一个注音字母。但有些按国际标准设计或从国外引进的泵，其型号除少数为汉语拼音字母外，一般为该泵某些特征的外文缩略语。如IS表示符合有关国际标准（ISO）规定的单级单吸悬臂式清水离心泵；IH表示符合有关国际标准的单级单吸式化工泵等。泵的型号中除有上述字母外，还用一些数字和附加的字母来表示该泵的规格及性能。

例如，水泵型号 IS200 - 150 - 400 的型号意义如下：

IS——符合ISO国家标准的单级单吸悬臂式清水离心泵；

200——水泵进口直径，mm；

150——水泵出口直径，mm；

400——叶轮名义直径，mm。

又如，水泵型号 S150 - 78A 的型号意义如下：

S——单级双吸卧式离心泵；

150——水泵进口直径，mm；

78——水泵扬程，m；

A——叶轮外径被车削的规格标志（若为B、C则表示叶轮外径被车削得更小）。

2.2.3 水泵的性能参数

叶片泵的性能参数是表征泵性能的一组数据，主要包括流量、扬程、功率、效率、转速和必需汽蚀余量（或允许吸上真空高度）。这些参数之间相互关联，当一个性能参数发生变化时，其他参数都会随之按一定规律发生变化，下面分别介绍。

2.2.3.1 流量

流量是泵在单位时间内所输送的液体量,以 Q 表示。常用的体积流量的单位为 m^3/s、L/s 和 m^3/h。各单位间的关系是 $1m^3/s=100L/s=360m^3/h$。每台水泵都可以在一定的流量范围内工作,我们称之为工作区。若超出这个范围,泵的效率将明显下降。我们称泵的效率最高时所对应的流量为最优流量,也称设计流量、额定流量,通常在水泵的铭牌上标出这个流量值。水泵在实际运行时的流量称为水泵的实际工作流量,即实际流量,如果实际流量大于或小于设计流量,都会使泵的运行效率下降,偏离设计流量越远,其效率降低越多,使水泵工作不稳定。所以,应力求使泵在设计流量附近工作。

2.2.3.2 扬程

扬程是指被抽送的单位重量的水从泵进口到泵出口所增加的能量,用 H 表示,单位是 mH_2O,简略为 m。对于图 2.6 所示的卧式离心泵抽水装置,若以水泵轴线为基准面,泵运行时,单位重量的水在泵进口断面处的总能量为

$$E_1=Z_1+\frac{p_1}{\rho g}+\frac{v_1^2}{2g} \tag{2.1}$$

单位重量的水在泵出口断面处的总能量为

$$E_2=Z_2+\frac{p_2}{\rho g}+\frac{v_2^2}{2g} \tag{2.2}$$

根据扬程定义得

$$H=E_2-E_1=(Z_2-Z_1)+\left(\frac{p_2}{\rho g}-\frac{p_1}{\rho g}\right)+\left(\frac{v_2^2}{2g}-\frac{v_1^2}{2g}\right) \tag{2.3}$$

式中 Z_1、$\frac{p_1}{\rho g}$、$\frac{v_1^2}{2g}$——水泵进口断面 1—1 处的位置水头、绝对压力水头、流速水头,m;

Z_2、$\frac{p_2}{\rho g}$、$\frac{v_2^2}{2g}$——水泵出口断面 2—2 处的位置水头、绝对压力水头、流速水头,m。

为了监视水泵的运行状况,在泵进、出口断面处分别安装真空表、压力表,如图 2.6 所示。真空表、压力表的读数为相对压力,设真空表的读数为 V(低于一个大气压的数值,即 $V=\frac{p_a}{\rho g}-\frac{p_1}{\rho g}$),压力表的读数为 M(高于一个大气压的数值,即 $M=\frac{p_2}{\rho g}-\frac{p_a}{\rho g}$),则式(2.3)可写成

$$H=(Z_2-Z_1)+V+M+\frac{v_2^2-v_1^2}{2g} \tag{2.4}$$

真空表、压力表的读数为兆帕(MPa)时,将以兆帕表示的读数 V'、M' 换算为米水柱(mH_2O),则

$$H=(Z_2-Z_1)+100V'+100M'+\frac{v_2^2-v_1^2}{2g} \tag{2.5}$$

由式(2.5)计算的扬程为水泵工作状况时的扬程。水泵铭牌上所标出的扬程是这台泵的设计扬程,即相应于通过设计流量时的扬程,又称额定扬程。

从图 2.6 可清楚地看出扬程 H 与实际扬程 $H_实$ 是两个不同的概念,前者为单位重量的液体从泵进口到出口能量增加的数值,后者为进、出水池水位差。显然,泵扬程总是大于

实际扬程。

2.2.3.3 功率

功率是指水泵在单位时间内所做的功,单位为 kW。

1. 有效功率

有效功率是指水泵传递给输出水流的功率,又称水泵的输出功率,用 P_e 表示,可用下式计算:

$$P_e = \frac{\rho g Q H}{1000} \quad (2.6)$$

或

$$P_e = \frac{\gamma Q H}{1000} \quad (2.7)$$

式中 ρ——水的密度,kg/m³,$\rho = 1000$kg/m³;
γ——水的重度,N/m³,$\gamma = \rho g = 9800$N/m³;
Q——水泵的流量,m³/s;
H——水泵的扬程,m。

2. 轴功率

轴功率是指动力机传递给泵轴的功率,又称输入功率,用 P 表示。水泵铭牌上的轴功率是指对应于通过设计流量时的轴功率,又称额定功率。

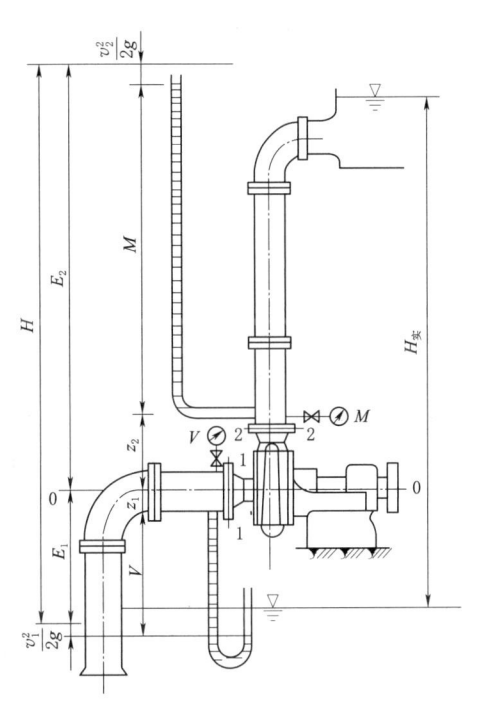

图 2.6 离心泵扬程示意图

3. 配套功率

配套功率是指为水泵配套的动力机械功率,用 $P_配$ 表示。一般在水泵铭牌或样本上都标有配套功率的数值。

2.2.3.4 效率

水泵的效率是指水泵的有效功率与轴功率之比,它标志着水泵对能量的有效利用程度,是水泵质量的重要考核指标,用 η 表示。水泵铭牌上的效率是对应于通过设计流量时的效率,该效率为泵的最高效率。泵的效率越高,表示水泵工作时的能量损失越小。其表达式为

$$\eta = \frac{P_e}{P} \times 100\% \quad (2.8)$$

或

$$P = \frac{P_e}{\eta} \times 100\% = \frac{\rho g Q H}{1000 \eta} \quad (2.9)$$

2.2.3.5 允许吸上真空高度或必需汽蚀余量

允许吸上真空高度(H_s)或必需汽蚀余量($NPSH$)$_r$ 是表征叶片泵吸水性能的参数,用来确定泵的安装高度,单位是 m。

允许吸上真空高度(H_s):指水泵在标准状况下(即水温为 20℃、表面压力为 1.013×10^5Pa)运转时,水泵所允许的最大吸上真空高度,单位为 mH₂O。

汽蚀余量($NPSH$):指水泵进口处,单位质量的水所具有超过饱和蒸汽压力的那部

分富余能量，单位为 mH_2O，一般用来反映轴流泵、立式轴流泵、锅炉给水泵吸水性能。

临界汽蚀余量（$NPSH$）$_c$：指叶轮内压力最低点的压力刚好等于所输送水流水温下的饱和蒸汽压力时的汽蚀余量，其实质是水泵进口处的水在流到叶轮内压力最低点，压力下降为饱和蒸汽压力时的能量损失响应的水头损失。

2.2.3.6 转速

转速是指泵轴每分钟旋转的次数，用 n 表示，单位是 r/min。铭牌上的转速是这台泵的设计转速，又称额定转速。常用的转速有 2900r/min、1450r/min、970r/min、730r/min、485r/min 等，一般口径小的泵转速高，口径大的泵转速低。

转速是影响水泵性能的一个重要参数，当转速变化时，水泵的其他五个性能参数都相应地发生变化。

为了方便用户使用，水泵厂家在每台水泵的泵壳上都装有一块铭牌，铭牌上简明列出了该水泵在设计转速下运行，即效率达到最高时的流量、扬程、轴功率、效率、转速及允许吸上真空高度或必需汽蚀余量等性能参数值，称之为额定参数。以下为 100S-90A 单级双吸离心清水泵的铭牌。

单级双吸式离心清水泵	
型号：100S-90A	转速：2950r/min
扬程：90m	效率：64%
流量：72m³/h	轴功率：21.6kW
必需汽蚀余量：2.5m	配套功率：30kW
重量：120kg	生产日期 ×年×月×日
	××××水泵厂

铭牌上各参数的意义为：

100——泵入口直径；

S——单级双吸中开离心泵；

90——泵额定（设计点）扬程，m；

A——泵叶轮外径经过一次切割。

而老式单级双吸离心泵型号 6SH9A 的意义是：

6——泵入口直径，in（1in=2.54cm）；

SH——单级双吸中开离心泵；

9——泵的比转数除以 10 的整数值，即该水泵的比转数为 90；

A——泵叶轮外径经过一次切割。

2.2.4 水泵的性能曲线

水泵的性能参数，标志着水泵的性能。但各性能参数不是孤立的、静止的，而是相互联系和相互制约的。对于特定的水泵，这种联系和制约具有一定的规律性。它们之间的变化规律，通常用曲线表示，称之为基本性能曲线。基本性能曲线是通过实验方法绘出的，也称为实验性能曲线。通常将水泵的转速 n 作为常量，扬程 H、轴功率 P、效率 η 和允许吸上真空高度 H_s 或必需汽蚀余量（$NPSH$）$_r$ 随流量 Q 而变化的关系绘制成 Q-H、Q-P、

Q-η、Q-H_s 或 Q-$(NPSH)_r$ 曲线。

充分了解水泵的性能，熟悉性能曲线的特点，掌握其变化规律，对合理选型配套、正确确定水泵的安装高程、调节水泵运行工况、加强泵站的科学管理等极为重要。

2.2.4.1 Q-H 曲线

图 2.7、图 2.8、图 2.9 分别为 14SA-10 型离心泵、150HW-5 型混流泵及 1000ZLQ-10 型轴流泵的实验性能曲线。

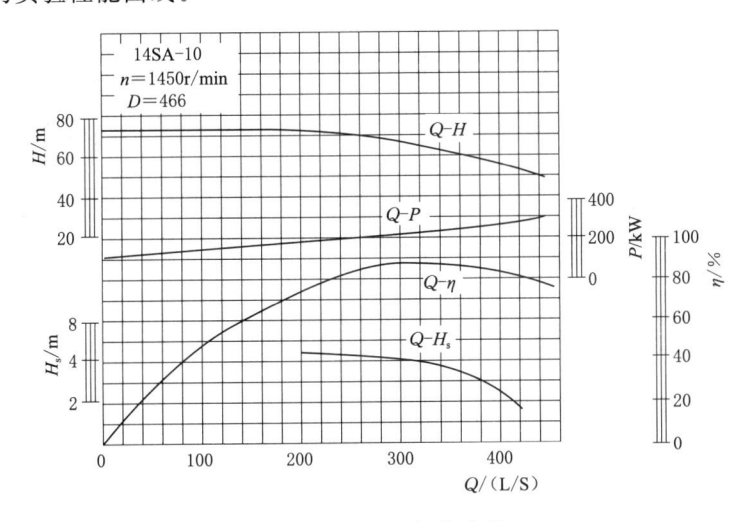

图 2.7 离心泵性能曲线

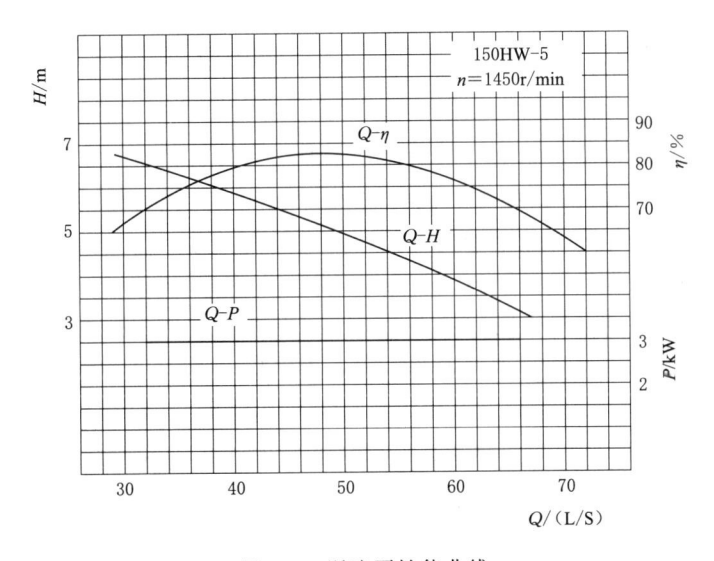

图 2.8 混流泵性能曲线

从图中可以看出三种水泵的 Q-H 曲线都是下降的曲线，即扬程随着流量的增加而逐渐减小。相应于水泵最高效率点的各参数，即为水泵铭牌上列出的数据。在该点左右一定范围内，属于效率较高的区段，在水泵样本或说明书中，用两条竖波形线标出，称为水泵的高效率段，又称水泵的高效区。

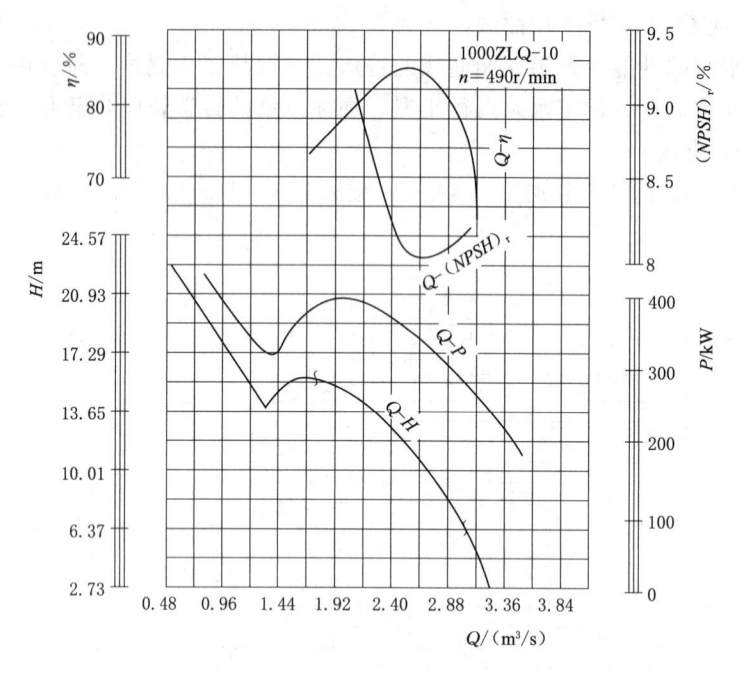

图 2.9　轴流泵性能曲线

离心泵的 Q-H 曲线下降较平缓，当 Q 为零时，扬程最高。轴流泵的 Q-H 曲线下降较陡，而且许多轴流泵在其设计流量的 40%～60% 时出现拐点，这是一段不稳定的工作区域，运行时应避开这一区域；当流量为零时，扬程为最大值，约为额定扬程的 2 倍。混流泵的 Q-H 曲线介于离心泵与轴流泵之间。

2.2.4.2　Q-P 曲线

离心泵的 Q-P 曲线是一条上升的曲线，即轴功率随流量的增加而增加。当流量为零时，轴功率最小，约为设计轴功率的 30%。轴流泵的 Q-P 曲线是一条下降的曲线，即轴功率随流量的增大而减小；当流量为零时，轴功率最大；在小流量区，Q-P 曲线也出现拐点。混流泵的 Q-P 曲线比较平坦，当流量变化时，轴功率变化较小。

从轴功率随流量变化的特点可知，离心泵应闭阀启动，以减小动力机启动负载。轴流泵则应开阀启动，一般在轴流泵出水管路上不允许安装闸阀。

2.2.4.3　Q-η 曲线

三种水泵 Q-η 曲线的变化趋势都是从最高效率点向两侧下降。离心泵的效率曲线变化比较平缓，高效区范围较宽，使用范围较大。轴流泵的效率曲线变化较陡，高效区范围较窄，使用范围较小。混流泵的效率曲线介于离心泵和轴流泵之间。

2.2.4.4　Q-H_s 或 Q-$(NPSH)_r$ 曲线

Q-H_s 或 Q-$(NPSH)_r$ 是表征水泵吸水性能的曲线，但两者的变化规律不同，前者是一条下降的曲线；后者对于轴流泵在对应于最高效率点处是具有最小值的曲线。

此外，水泵所输送的液体的黏度越大，泵内部的能量损失越大，水泵的流量和扬程都要减小，效率下降，而轴功率增大，即水泵的性能曲线将发生变化。故在输送黏度大的液体（如石油、化工液体等）时，泵的性能曲线要经过专门的换算后才能使用。

2.2.5 水泵的比转数

比转数是对水泵性能进行比较的一个综合判据，又称比转速、比速，用符号 n_s 表示。它特指产生扬程为 1m，有效功率为 0.7355kW，流量为 0.075m³/s 时的水泵叶轮的转速。而和这个叶轮大小不一，几何相似的水泵，其比转数是相等的（但比转速相等的叶轮不一定几何相似）。

将上述参数代入水泵相似律公式，可以求得水泵的比转数为

$$n_s = \frac{3.65n\sqrt{Q}}{H^{\frac{3}{4}}} \tag{2.10}$$

式中 n_s——水泵的比转数；

n——水泵的额定转速，r/min；

Q——水泵的额定流量，m³/s，因为比转数系指单叶轮的参数，所以对于双吸泵为双叶轮，取泵流量除以 2 以后的值；

H——水泵的扬程，m，对于多级泵，则取泵扬程除以级数后的数值。

比转数不随转速的变化而改变，但其他工作参数不同时，比转数将不同。需要强调的是，公式中的参数是额定参数，由此得出的才是该泵的比转数。1 台泵只有 1 个比转数，这就是在额定工况下的比转数。

比转数是对水泵进行分类和性能比较的综合判据，因为随着比转数的变化，水泵发生一些有规律的变化。表 2.3 列出了比转数与泵型、叶轮形状及水泵性能变化之间的关系。

表 2.3　　　　　比转数与水泵叶轮形状及性能曲线的关系

水泵类型	离心泵			混流泵	轴流泵
	低比转数	中比转数	高比转数		
比转数	50～80	80～150	150～300	300～500	500～1000
叶轮简图					
尺寸比	$D_2/D_1=2.5$	$D_2/D_1=2.0$	$D_2/D_1=1.8\sim1.4$	$D_2/D_1=1.2\sim1.1$	$D_2/D_1=1.0$
叶片形状	圆柱形叶片	进口处扭曲形出口处圆柱形	扭曲形叶片	扭曲形叶片	扭曲形叶片

由表 2.3 可见，随比转数从小到大的变化，水泵类型由离心泵—混流泵—轴流泵发生有规律的变化。离心泵的比转数为 50～300；混流泵的比转数为 300～500，近年混流泵比转数有加大的趋势，已达到 600 左右；轴流泵的比转数则大于 500。随着叶轮形状的变化，水流由离心泵的轴向进水、径向出水到混流泵的轴向进水、斜向出水，到轴流泵则变为轴向进水、轴向出水。随着比转数的增加，水泵的性能也发生有规律的变化，由离心泵的小流量、高扬程，到轴流泵的大流量、低扬程。

在实践中，根据比转数的大小可大概地了解该泵的特性。如果两台泵符合相似条件，它们的比转数必然是相等的；但如果两台水泵的比转数相等，我们就不一定能判断它们是否一定相似，因为几何形状并不一定相似。例如比转数相等的轴流泵和混流泵就不相似。比转数是水泵相似的必要条件而不是充分条件。

2.2.6 水泵的吸水性能

2.2.6.1 水泵的汽蚀

汽蚀又称为空化，是液体的特殊物理现象。水泵在运行过程中，由于某些原因使水泵内局部位置的压力降低到水在相应温度下的饱和蒸汽压力（汽化压力）时，水就开始汽化生成大量的气泡，气泡随水流向前运动，当运动到压力较高部位时，迅速凝结、溃灭。水泵内水流中气泡的生成、溃灭过程涉及物理、化学现象，并产生噪声、振动和对过流部件的侵蚀，这种现象称为水泵的汽蚀现象。

在产生汽蚀的过程中，由于水流中含有气泡破坏了水流的正常流动规律，改变了叶轮流道内的过流面积和流动方向，因而叶轮与水流之间能量交换的稳定性遭到破坏，能量损失增加，从而引起水泵的流量、扬程和效率的迅速下降，甚至达到断流状态。这种工作性能的变化，对于不同比转数的水泵是不同的。低比转数的离心泵叶槽狭长，宽度较小，很容易被气泡阻塞，在出现汽蚀后，Q-H、Q-η 曲线迅速降落。对中比转数、高比转数的离心泵和混流泵，由于叶轮槽道较宽，不易被气泡阻塞，所以 Q-H、Q-η 曲线先是逐渐下降，汽蚀严重时才开始锐落。对高比转数的轴流泵，由于叶片之间流道相当宽阔，故汽蚀区不易扩展到整个叶槽，因此 Q-H、Q-η 曲线下降缓慢。

气泡溃灭时，水流因惯性高速冲向气泡中心，产生强烈的水锤，其压强可达 (3.3~570)×10^7 Pa，冲击的频率达 (2~3)×10^4 次/s，这样大的压强频繁作用于过流部件上，引起金属表面局部塑性变形与硬化变脆，产生疲劳现象，使金属表面开始呈蜂窝状，随之应力更加集中，叶片出现裂缝和剥落。这就是汽蚀的机械剥蚀作用。

在低压区生成气泡的过程中，溶解于水中的气体也从水中析出，所以气泡实际是水汽和空气的混合体。活泼气体（如氧气）借助气泡凝结时所产生的高温，对金属表面产生化学腐蚀作用。

在高温高压下，水流会产生带电现象。过流部件的不同部位，因汽蚀产生温度差异，形成温差热电偶，导致金属表面的电解作用（即电化学腐蚀）。

另外，当水中泥沙含量较高时，由于泥沙的磨蚀，破坏了水泵过流部件的表层，发生汽蚀时，加快了过流部件的蚀坏程度。

在气泡凝结溃灭时，产生压力瞬时升高和水流质点间的撞击以及对过流部件的冲击，使水泵产生噪声和振动现象。

2.2.6.2 水泵的吸水性能

1. 允许吸上真空高度 H_s

为保证水泵内部压力最低点不发生汽蚀，在水泵进口处所允许的最大真空值，以米水柱表示。H_s 常用来反映离心泵和卧式混流泵的吸水性能。泵产品样本中，用 Q-H_s 曲线来表示水泵的吸水性能。

2. 汽蚀余量（NPSH）

（1）汽蚀余量是指在水泵进口处，单位重力的水所具有的大于饱和蒸汽压力的富余能量，以 mH_2O 表示。

（2）临界汽蚀余量 $(NPSH)_c$ 是指水泵内最低压力点的压力为饱和蒸汽压力时，水泵进口处的汽蚀余量。临界汽蚀余量为水泵内发生汽蚀的临界条件。

（3）必需汽蚀余量 $(NPSH)_r$。泵产品样本中所提供的汽蚀余量是必需汽蚀余量。为了保证水泵正常工作时不发生汽蚀，将临界汽蚀余量适当加大，即为必需汽蚀余量。其计算式为

$$(NPSH)_r = (NPSH)_c + 0.3m \tag{2.11}$$

对于大型水泵，一方面 $(NPSH)_c$ 较大，另一方面从模型试验换算到原型泵时，由于比例效应的影响，0.3m 的安全值尚嫌小，$(NPSH)_r$ 的计算式为

$$(NPSH)_r = (1.1 \sim 1.3)(NPSH)_c \tag{2.12}$$

3. 允许吸上真空高度和必需汽蚀余量的关系

$$H_s = \frac{p_a}{\rho g} - \frac{p_v}{\rho g} - (NPSH)_r + \frac{v_1^2}{2g} \tag{2.13}$$

$$(NPSH)_r = \frac{p_a}{\rho g} - \frac{p_v}{\rho g} - H_s + \frac{v_1^2}{2g} \tag{2.14}$$

式中 $\frac{p_a}{\rho g}$——安装水泵处的大气压力水头，m，与海拔高程有关，见表 2.4；

$\frac{p_v}{\rho g}$——饱和蒸汽压力水头，m，与水温有关，见表 2.5；

$\frac{v_1^2}{2g}$——水泵进口处的流速水头，m。

表 2.4　　　　　　　　　　　　　不同海拔高程大气压力值

海拔高程/m	0	100	200	300	400	500	600	700	800	900	1000	2000	3000	4000	5000
$\frac{p_a}{\rho g}$/m	10.33	10.22	10.11	9.97	9.89	9.77	9.66	9.55	9.44	9.33	9.22	8.11	7.47	6.52	5.57

表 2.5　　　　　　　　　　　　　水温与饱和蒸汽压力的关系

水温/℃	0	5	10	20	30	40	50	60	70	80	90	100
$\frac{p_v}{\rho g}$/m	0.06	0.09	0.12	0.24	0.43	0.75	1.25	2.02	3.17	4.82	7.14	10.33

2.2.6.3 减轻汽蚀的措施

水泵的汽蚀主要由水泵本身的汽蚀性能和装置的使用条件决定的。但减轻汽蚀的根本措施是在于提高水泵本身的抗汽蚀性能，所以在水泵的设计和制造方面应尽可能提高水泵的吸水性能。对水泵使用者而言，则应在水泵装置和运行方面多加以考虑。

1. 合理确定水泵的安装高程

确定水泵安装高程时，应按水泵安装高程的计算公式正确计算安装高程。

2. 设计良好的进水池

进水池内的水流要平稳均匀,不产生漩涡和偏流,否则水泵的汽蚀性能变坏,因此,进水池的形状和尺寸要满足水流平稳均匀的要求。此外,要及时清除进水池的污物和淤泥,使水流畅通,流态均匀,还要保证进水喇叭口有足够的淹没深度。

3. 选配合理的进水管路

进水管路应尽可能短,减少不必要的管路附件,适当加大管径,以减少进水管路的水头损失。

为使水泵进口处的水流速度和压力分布均匀,对于卧式离心泵,水泵进口前进水管路水平直段长度不能过短,通常不小于4~5倍进水管路直径。大中型泵站进水流道的形式、结构和尺寸要设计合理,保证有良好的水力条件,防止有害偏流和漩涡发生。

4. 尽量使水泵在设计工况附近运行

在水泵运行中,可根据泵站的具体情况,采用适宜的调节措施调节水泵的运行工况,防止水泵运行工况偏离设计工况较远。对离心泵可适当减少流量使工况点向左移动;对于轴流泵使工况点移到$(NPSH)_r$值较小的区域。

5. 提高水泵进口处的压力

给水泵进水管路增压,例如把离心泵出水管的水引入进水管路,并用喷嘴增压,减轻汽蚀危害。

6. 控制水源的含沙量

从多泥沙河流取水的泵站,由于水中含沙量较大,会加剧过流部件的磨损并使水泵吸水性能恶化。因此,对多泥沙的水流必须采取一定的防沙措施减少水流的含沙量。

7. 提高叶轮和过流部件表面的光洁度

水泵叶轮表面和其他过流部件光洁度越高,抗汽蚀性能越好,产生汽蚀的可能性就越小。

8. 及时进行涂敷与修复

如果水泵过流部件已出现剥蚀,可采用金属或非金属材料在剥蚀部位及时涂敷修复。涂敷修复后的叶轮,抗剥蚀和抗磨损的能力将大大提高,不仅延长了叶轮的使用寿命,而且提高了水泵的效率。

9. 降低水泵转速

吸水性能参数与转速的平方成正比,降低水泵转速,可以减轻汽蚀的危害。

10. 在汽蚀区补气

在水泵进水侧补进适量空气,可以缓解气泡破灭时的冲击力,并减小汽蚀区的真空度,从而减轻汽蚀的危害。但进气量要适量,否则会使水泵吸水性能变坏,采用此法一定要慎重。

2.3 泵站基础知识

2.3.1 泵站的工程组成

泵站工程是将电(热)能转化为水能进行灌排或供水的提水设施,是机电灌排工程的核心,也是水利工程的重要组成部分。

泵站通常由机电设备及其配套的土建工程组成。机电设备是由作为核心设备的水泵及其配套的动力机、传动装置、管道系统、电气及控制设备和相关的辅助设备所构成的。配套土建工程包括泵房及上部结构，进出水建筑物及其配套的控制涵、闸等。

本节将泵站工程组成分为机械设备、电气设备、金属结构设备、泵站建筑物和管理设施等5部分。各部分的组成如下：

（1）机械设备包括主机组及辅助设备等。主机组包括主水泵、动力机及传动装置。辅助设备包括充水设备或抽真空设备、供水设备、排水设备、供油设备、压缩空气设备、通风设备、起重设备等。

（2）电气设备包括输电线、变压器、高低压开关柜、励磁装置或无功补偿装置、直流装置、继电保护装置或微机保护装置和控制柜等。

（3）金属结构设备包括闸门及启闭设备、断流装置、拦污清污设备等。其中，断流装置包括真空破坏阀、拍门及平衡装置、快速闸门等。

（4）泵站建筑物包括引水建筑物、进水建筑物或进水管道（含进水闸阀）、泵房、出水建筑物或出水压力管道（含出水闸阀）及其配套的控制涵、闸等。

（5）管理设施包括工程观测、交通、通信、生产保障、环境及绿化等设施。其中，生产保障设施包括行政技术管理办公用房及设施、工程维修养护设施、防汛抗旱设施、值班和文化用房及设施等。

2.3.2 污水泵站

2.3.2.1 污水泵站水泵选择

1. 污水泵站的设计流量

城市的用水量是不均匀的，因而排入管道的污水流量也是不均匀的。要正确地确定泵的出水量及其台数以及决定集水池的容积，必须知道排水量为最高日中每小时污水流量的变化情况。而在设计排水泵站时，这种资料往往是不能得到的。因此，排水泵站的设计流量一般均按最高日最高时污水流量决定。一般小型排水泵站（最高日污水量在5000m³以下），设1～2套机组；大型排水泵站（最高日污水量超过15000m³）设3～4套机组。

2. 泵站设计扬程

泵站扬程可按下式计算：

$$H = H_{ss} + H_{sd} + \sum h_s + \sum h_d + H_c \tag{2.15}$$

式中　H_{ss}——吸水地形高度，m，为集水池内最低水位与水泵轴线之高差；

H_{sd}——压水地形高度，m，为泵轴线与输水最高点（即压水管出口处）之高差；

$\sum h_s$和$\sum h_d$——污水通过吸水管路和压水管路中的水头损失（包括沿程损失和局部损失）；

H_c——安全压力，一般取1～2mH₂O。

应该指出，由于污水泵站一般扬程较低，局部损失占总损失比例较大，所以不可忽略不计。

3. 水泵型号及台数的选择

应根据污水的性质来确定相应的污水泵或杂质泵等水泵的型号。当排除酸性或腐蚀性废水时，应选用耐腐蚀泵；当排除污泥时，选择污泥泵。由于污水泵站一般扬程较低，可选择立式离心泵、轴流泵、混流泵或潜水污水泵等。

对于小型泵站，水泵台数可按 2～3 台（2 用 1 备）配置；对于大中型泵站，可按 3～4 台配置。

应尽可能选择同型号水泵，以方便施工与维护，也可以用大、小泵搭配的方式，以适应流量的变化。

应尽可能选择性能好、效率高的水泵，使泵站工作长期处于高效区。

污水泵站一般可设一台备用机组，当水泵台数超过 4 台时，除安装 1 台备用机组外，在仓库还应存放 1 台。

2.3.2.2 集水池

1. 集水池容积的确定

集水池容积的大小与污水的来水量变化情况、水泵型号和台数、泵站操纵方式、工作制度等因素有关。集水池容积过大，会增加工程造价；如果容积过小，则不能满足其功能要求，同时会使水泵频繁启动。所以，在满足格栅、吸水管安装要求，保证水泵工作的水力条件以及能够将流入的污水及时抽走的前提下，应尽量缩小集水池容积。

污水泵房集水池容积一般可按不少于泵站内最大一台水泵 5min 的出水量来确定。

对于小型泵站，当夜间来水量较小而停止运行时，集水池应能满足储存夜间来水量的要求。

初沉污泥和消化污泥泵站，集水池容积按一次排入的污泥量和污泥泵抽升能力计算；活性污泥泵站，集水池容积按排入的回流污泥量、剩余污泥量和污泥泵抽升能力计算。

对于自动控制的污水泵站，每小时开动水泵不超过 6 次，集水池容积可按下式确定：

泵站为一级工作时

$$W=\frac{Q_0}{4n} \tag{2.16}$$

泵站为二级工作时

$$W=\frac{Q_2-Q_1}{4n} \tag{2.17}$$

式中 W——集水池容积，m^3；

Q_0——泵站为一级工作时，水泵的出水量，m^3/h；

Q_1、Q_2——泵站分二级工作时，一级与二级工作水泵的出水量，m^3/h；

n——水泵每小时启动次数，一般取 $n=6$。

集水池的有效水深一般采用 1.5～2.0m。

2. 污水泵房集水池的辅助设施

污水泵房集水池宜设置冲泥和清泥等设施，以防止池中大量杂物沉积腐化，影响水泵的正常吸水和污染周围环境。可在水泵出水压力管上接出一根直径为 50～100mm 的支管，伸入集水坑中，定期打开支管的阀门进行冲洗池子底部污泥，用水泵抽除；也可在集水池上部设给水栓，作为冲洗水源，然后用泵抽除。含有焦油类的生产污水，当温度低时易黏结在管件和水泵叶轮上，因而宜设加热设施，在低温季节采用。自灌式工作的泵房，为适应水泵开停频繁的特点，要根据集水池水位变化进行自动控制运行；宜设置UQK型浮球液位控制器、浮球行程式水位开关、电极液位控制器等。

3. 集水池布置原则

集水池的布置，应考虑改善水泵吸水的水力条件，减少滞流和涡流，以保证水泵正常运行。布置时应注意以下几点：

(1) 泵的吸水管或叶轮应有足够的淹水深度，防止空气吸入或形成涡流时吸入空气。

(2) 水泵的吸入喇叭口应与池底保持所要求的距离。

(3) 水流应均匀顺畅无漩涡地流近水泵吸水管口。每台水泵进水水流条件基本相同，水流不要突然扩大或改变方向。

(4) 集水池进口流速和水泵吸水口处的流速尽可能缓慢。

污水泵房的集水池前应设置闸门或闸槽，以在集水池清洗或水泵检修时使用。雨水泵房根据雨季检修的要求，也可设闸槽，但一般雨水泵检修在非雨季进行。

2.3.3 雨水泵站及合流泵站

雨水泵站的基本特点是流量大、扬程小，因此，多采用轴流式水泵，有时采用混流泵。雨水泵站一般工艺流程为：进水管→进水闸井→沉沙池→格栅间→前池→集水池→水泵间→出水井→出水管→出水闸井→出水口。对于合流泵站，集水池一般污、雨水合用，水泵可以分设，也可以共用。

2.3.3.1 水泵选择

1. 设计流量和扬程

雨水泵站的设计流量应按进水管渠的设计流量计算。合流泵站内雨水及污水的流量，要分别按照各自的标准进行计算。当泵站内雨、污水分别成两部分时，应分别满足各自的工艺要求；当污、雨水合用一套装置时，应既要满足污水，也要满足合流来水的要求，同时还要考虑流量的变化。

泵站的扬程应满足从集水池平均水位到出水池最高水位所需扬程的要求。对于出水口水位变动较大的雨水泵站，要同时满足在最高扬程条件下出水量的需要。

2. 水泵的选择

水泵的型号不宜太多，最好选择同一型号水泵。如果必须大小搭配时，其型号也不宜超过两种。

大型雨水泵站可选用ZLB、ZL、ZLQ型水泵，合流泵站的污水部分除可选用污水泵外，也可选用小型立式轴流泵或丰产型混流泵。

雨水泵站的水泵台数不少于2台，最多不宜超过8台。如果考虑适应流量变化，采用一大一小2台水泵时，小泵的出水量不宜小于大泵出水量的1/2。如果采用3台水泵（一大两小）时，小泵的出水量不应小于大泵出水量的1/3。

雨水泵站可以不设置备用水泵，因为可以在旱季进行水泵的检修和更换。

合流泵站的污水泵要考虑设备用泵。

2.3.3.2 集水池

雨水泵站集水池一般不考虑调节作用。集水池容积一般按站内最大一台水泵 30s 的出水量确定。地道雨水泵站集水池容积不应小于最大一台水泵 60s 的出水量。

合流泵站集水池容积的确定分两种情况，当雨水与污水分开时，应根据雨水、污水使用的水泵分别按雨水、污水泵站的集水池容积计算标准确定；当集水池为污、雨水共用时，要同时满足雨水、污水的容积要求。

集水池有效水深是指最高水位与最低水位之间的距离。集水池最高水位可以采用进水管渠的管顶高程，最低水位可采用相当于最小一台水泵流量的进水管水位高程，也可以采用略低于进水管底部的高程。

城市雨水泵站集水池的作用，常常包含了沉沙池、格栅井、前池和集水池（吸水井）的功能，因此还要考虑清池挖泥。如果格栅安装在集水池内，还应满足格栅安装要求、满足水泵吸水喇叭口安装要求，从而保证良好的吸水条件。

雨水集水池在旱季进行清池挖泥，除了用污泥泵排泥外，还要为人工挖泥提供方便。对敞开式集水池，要设置通到池底的出泥楼梯，对封闭集水池，要设排气孔及人行通道。

雨水泵站大多采用轴流泵和混流泵。轴流泵无吸水管段，只有一个流线型的喇叭口，集水池的水流状态对水泵叶轮进口的水流条件产生直接影响，从而影响水泵性能，如果布置不当，池内因流态紊乱，就会产生漩涡而卷入空气，空气进入水泵后，会使水泵的出水量不足、效率下降、电机过载等现象发生；也会产生汽蚀现象，产生噪声和振动，使水泵运行不稳定，导致轴承磨损和叶轮腐蚀等。所以，要求集水池内的水流必须平稳、均匀地流向各水泵吸水喇叭口，避免因条件原因产生的漩流。

2.3.4 泵房的基本形式

泵房结构按其基础形式可分为分基型、干室型、湿室型和块基型四种。

2.3.4.1 分基型泵房

分基型泵房，如图 2.10 所示，其主要特点是水泵机组基础和泵房的基础分开，属单层结构。因其结构简单、施工方便，可以采用砖、石、木等当地材料，工程造价比较低，故小型泵站应首先考虑采用分基型泵房形式。泵房地面高程高于进水池最高水位，通风、采光和防潮条件较好。适宜安装卧式离心泵或混流泵机组。

分基型泵房根据所选的水泵机组形式可分为常规卧式机组、斜式机组和潜水泵机组三种分基型泵房。

2.3.4.2 干室型泵房

干室型泵房由主机组基础、泵房底板和侧墙构成封闭干室。这种泵房结构比分基型复杂，造价较高。其平面形状有矩形和圆筒形两种，在立面上可以是一层或多层，不论是卧式或立式机组均可采用。图 2.11 所示为矩形干室型泵房。

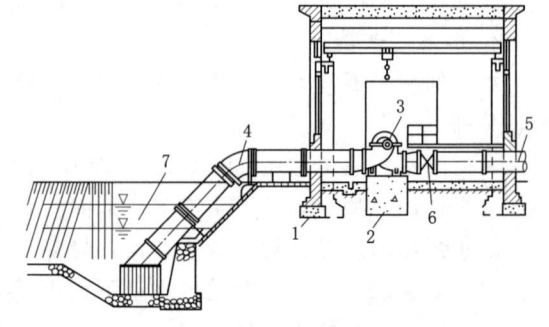

图 2.10 分基型泵房
1—泵房基础；2—主机组基础；3—水泵；
4—进水管；5—出水管；6—闸阀；7—进水池

2.3 泵站基础知识

2.3.4.3 湿室型泵房

泵房下部为与前池相通并蓄水的地下室，故称为湿室。湿室即为进水池，其中的水重平衡了一部分浮托力，增强了泵房的稳定性。泵房通常分为两层，下层为湿室——水泵层，水泵的进水管直接从室中取水，动力机及配电设备等布置在上层——电机层，如图 2.12 所示。湿室内有自由水面的称为无压湿室型，用顶板封闭湿室的则称为有压湿室型。湿室型泵房适宜于安装中、小型立式或卧式轴流泵以及立式的离心泵或混流泵。

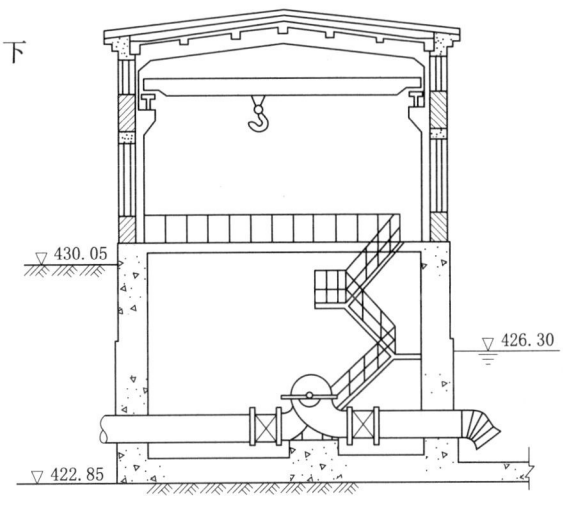

图 2.11 矩形干室型泵房（单位：m）

2.3.4.4 块基型泵房

主水泵机组的基础、泵房底板和进水流道浇筑成一块状整体，故称块基型。适用于口径大于 1200mm 的大型水泵；泵房直接挡水，要求有较强的抗浮、抗滑稳定性的场合。按泵房是否直接挡水以及与堤防的关系可分为堤身式和堤后式两大类。图 2.13 所示为堤身虹吸式块基型泵房。

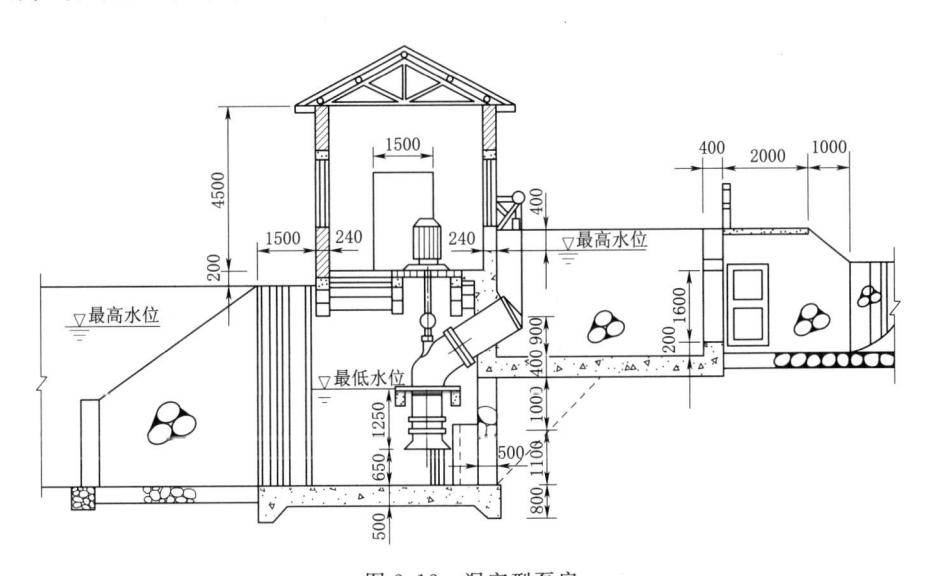

图 2.12 湿室型泵房

2.3.5 泵房建筑物的总体布置

各种泵站的用途虽有不同，但其建筑物的组成及总体布置基本相同。有些泵站可直接从水源中取水，有些泵站须修建取水建筑物，并用引水建筑物将其与进水建筑物相连接。图 2.14 为泵站建筑物总体布置图。

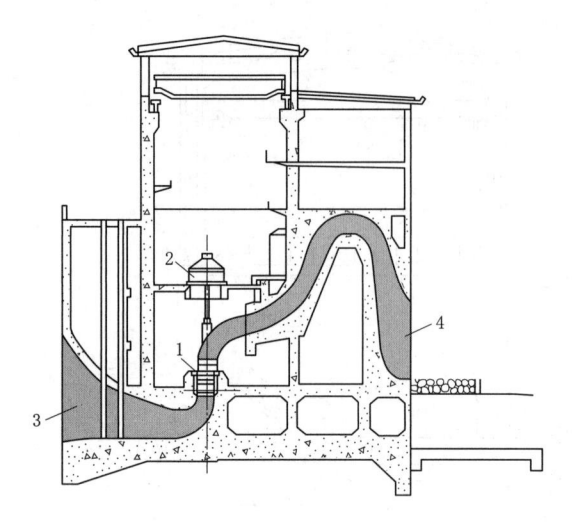

图 2.13 堤身虹吸式块基型泵房
1—水泵；2—电动机；3—进水流道；4—虹吸式出水流道

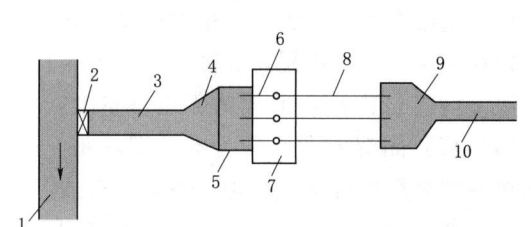

图 2.14 泵站建筑物总体布置图
1—水源；2—进水闸；3—引水渠；4—前池；
5—进水池；6—进水管；7—泵房；
8—出水管；9—出水池；10—输水渠

2.4 排水泵站运行模式和要求

2.4.1 排水泵站的运行模式

城镇排水泵站运行模式主要分为 3 种：即排模式、流量调节模式、流量及液位调节模式。

2.4.1.1 即排模式

即排模式是指迅速及时地将水体排除，以避免低洼、下凹地区等易积水地区产生积滞水情况，适用于排除洪涝渍水降低地下或地面道路水位的泵站。排水泵站的主要组成部分是泵房和集水池，泵房中设置由水泵和动力设备组成的机组。合流泵站配泵时要顾及雨天流量和晴天流量的巨大变化，可采用不同类型及不同流量的泵组组合以利运转，但泵组的品种宜少些。排水泵站必须及时把水送走。

2.4.1.2 流量调节模式

流量调节模式指根据水量需求经过存蓄或加压再排除水体的运行模式。应用该模式运行的泵站、设施有雨水调蓄池、加压泵站等。

1. 雨水调蓄池

雨水通过调蓄池蓄水、净化，在需要时可将蓄存的雨水释放并加以利用，最后剩余部分径流通过管网和泵站外排，以"慢排缓释"为控制主要方式，既避免了洪涝，又有效地收集了雨水，实现雨水在城市中自由迁移，提升城市生态系统功能和减少城市洪涝灾害的发生，从而可有效提高城市排水系统的标准，缓减城市内涝的压力。

2. 加压泵站

由于城市给水管网的供水面积较大,且输配水管线较长,当用户所在地的地势较高、建筑物较高、要求的水压较大,或城市内的地形起伏较大时,如靠送水泵站满足用户对水压和水量的要求,必然要增大水泵的扬程。这样不仅能耗大,且造成送水泵站附近管网的压力过高,管道漏水量增大,管道和卫生器具易损坏。这时,可通过技术经济比较,在管网中增设加压泵站。加压泵站一般有以下两种形式:

(1) 采用在输水管线上直接串联水泵加压的方式。这种加压方式,送水泵站和加压泵站中的水泵同步运行。它适用于输水距离较长、加压面积较大的场合。

(2) 采用水池和泵站加压的方式(也称水库泵站加压方式)。送水泵站将水通过管网输送至蓄水池,加压泵站中的水泵从蓄水池中吸水将水输送至管网,这种加压方式,由于设置了蓄水池(或称水库),将对城镇中的用水负荷起一定的调节作用,有利于送水泵站均衡安排工作制度和水泵机组的调度管理。这种加压方式较适合城镇住宅小区的加压供水,它利用夜间用水低峰蓄水,在用水高峰时从蓄水池中抽水以满足用户的要求。

2.4.1.3 流量及液位调节模式

流量及液位调节模式是指根据水量需求调节流量并使之达到规定液位。应用该模式运行的如提升泵站。

提升泵站在运行工艺流程中一般采用重力流的方法通过各个构筑物和设备。但由于厂区地形和地质的限制,必须在前期处理后,加提升泵站将污水提到某一高度后,才能按重力流方法运行。污水提升泵站的作用就是将上游来的污水提升至后续处理单元所要求的高度,即提高水头,使其实现重力流,以保证污水可以靠重力流过后续建在地面上的各个处理构筑物。提升泵站一般由水泵、集水池和泵房组成。

集水池的作用是调节来水量与抽升量之间的不平衡,即液位及流量调节。要求如下:

(1) 要保证来水量与提升量一致,即来多少,提升多少。如来水量大于提升量,上游又没有及时采取溢流措施,则可能淹泡格栅和沉沙桥。反之,如来水量小于提升量,则可能使水泵处于干运行状态,损坏设备。

(2) 要保持集水池高水位运行。这样可以降低泵的扬程,在保证提升水量的前提下降低能耗。

(3) 水泵的开、停不要过于频繁,否则易损坏开关和水泵并降低使用期限。

(4) 要至少有 1 台备用泵。可在线备用,也可池外备用。既可在来水量突然大时备用,又可在水泵损坏或水泵维修时备用。

(5) 要保持水泵组内每台水泵的停、开时间均匀,投入运行的泵和备用泵之间定时转换。

2.4.2 排水泵站的运行要求

2.4.2.1 雨水泵站的运行要求

雨水泵站是分流制排水系统中负责抽排雨水的泵站。此类泵站运行受当地气候影响较大。以北京地区气候为例,全年降雨时间可分为汛期(5—9月)和非汛期(10月至次年4月)。汛期和非汛期的泵站运行制度和标准有所不同。

1. 雨水泵站的汛期运行制度

汛期发生降雨天气时，雨水泵站开启运行。泵站在设计阶段，最高运行水位应按照服务区域允许最高水位的要求推算到站前水位；最低运行水位应按降低地下水埋深或调蓄区允许最低水位的要求推算到站前水位。

雨水泵站运行采取恒定液位运行模式，即通过启停水泵抽升，始终使集水池水位处于最低水位和最高水位之间的区域。泵站集水池液位高于最高水位时，服务区域将发生积水。泵站集水池水位低于最低液位时，水泵将发生汽蚀、振动等问题，直接影响设备运行状况。

汛期泵站应安排值班人员24h值守，做好设备、设施维修保养工作，对设备设施坚持每天巡视、每周点检、发现故障及时维修，遇到降雨天气按照泵站运行方案启动运行。具体运行制度如下：

（1）每年5—9月为汛期，此时段泵站安排运行人员24h值班，泵站运行工作执行下文《泵站汛期运行标准》。

（2）泵站运行人员根据有关规章制度、运行标准、操作规程开展泵站运行管理工作，明确防汛责任和工作内容。

（3）严格遵守劳动纪律，落实岗位责任，服从命令，听从指挥。

（4）汛期所有运行人员保证24h通信畅通。

（5）未经批准禁止接受各类采访，禁止对外发布防汛相关信息。

（6）工作期间值班人员严禁饮酒。

（7）严禁私自挪用泵站设备物资。

（8）泵站运行人员须贯彻落实《泵站运行方案》和《泵站防汛应急预案》的内容。

（9）遇到各类突发事件，值班人员要及时上报，说明事件缘由、现场目前状况。不得出现迟报、缓报、瞒报、漏报现象。

（10）根据泵站运行标准和规程，对泵站机电设备、设施进行检查、维护、保养。

（11）运行人员按照《泵站内业资料记录标准》要求，认真填写内业资料。

（12）污水泵站每班进行不少于2次的格栅间清渣作业，雨水泵站每次降雨结束后对泵站、调蓄池格栅间栅渣进行清理。

（13）每年汛期后，进行格栅间、初期池、调蓄池的检查和清淤工作。涉及有限空间作业时，按有限空间作业规程执行。清淤标准参考《泵站格栅间、调蓄池养护标准》执行。

（14）运行人员应每天对泵站环境卫生进行打扫。卫生标准参照《泵站汛期运行标准》，保持泵站环境整齐美观。

2. 雨水泵站非汛期运行制度

进入非汛期后，雨水泵站不再有雨水抽升任务，此阶段可不安排值班人员在现场值班。可以利用泵站安防系统、定期巡视点检，结合泵站自控系统，完成非汛期运行工作。

具体的非汛期运行制度如下：

（1）每年10月至次年4月为非汛期，泵站运行工作执行《泵站非汛期运行标准》。

（2）非汛期无人泵站未经允许，任何人员不得留宿。

(3) 非汛期工作期间，工作人员禁止饮酒，不得从事与工作无关事宜。

(4) 遇到各类突发事件，巡视人员应及时上报，说明事件缘由和现场目前状况。不得出现迟报、缓报、瞒报、漏报现象。

(5) 遇到雨雪天气应及时抽升，及时清理积雪。

非汛期工作内容如下：

(1) 人员撤离前，须对泵站机电设备、设施进行检查，确保非汛期泵站运行安全。

(2) 人员撤离前，应保证泵站内部和周边2m安全通道无易燃、易爆物品。

(3) 人员撤离前，应确保所有门、窗上锁，泵站重要物资放入有防盗门的室内。

(4) 对泵站供暖、供水等设施采取防冻处理。

(5) 对泵站院内设施，如房屋、厂区地面、进场道路、大门等进行养护，确保设施处于良好状态。

(6) 做好汛前准备工作。汛前应对各泵站设备、设施进行汛前养护，对运行人员、打捞人员进行汛前培训。汛前培训的主要内容包括：

1) 对泵站电气设备进行清扫、遥测。

2) 对泵站机电设备进行维护保养、点检、试运行，对设备故障及时安排维修。

3) 对泵站进、退水管线进行检测和养护工作，确保管线畅通。

4) 做好泵站防内涝措施。

5) 组织泵站运行人员学习《泵站运行方案》和《应急预案》等，并开展实操演练，做好一切防汛准备。

2.4.2.2 污水泵站的运行要求

1. 污水泵站运行模式

污水泵站是在分流制排水系统中，负责抽升城市中排放的生活污水和工业废水的排水设施。按照泵站在排水系统中的作用，可分为中途泵站和终点泵站。中途泵站是为解决污水干管埋设过深、污水跨流域间调水问题而建设的；终点泵站是为将整个服务区域的污水抽送到污水处理厂而建设的。

污水区站有如下特点：连续进水，日均进水量变化幅度较大；水中污染物含量多。

泵站在设计阶段，最高运行水位应按照服务区域允许最高水位的要求推算到站前水位；最低运行水位应取降低地下水埋深或调蓄区允许最低水位的要求推算到站前水位。

受上游排水特点决定，污水泵站全年连续进水，泵站运行采取恒定液位运行模式，即通过启停水泵抽升，始终使集水池水位处于最低水位和最高水位之间的区域。泵站集水池液位高于最高水位时无法满足上游服务区域的排放需要，服务区域将发生堵冒事件，同时污水将通过安全溢流设施直接排入下游河道，造成水体污染。泵站集水池水位低于最低液位时，水泵将发生汽蚀、振动等问题，直接影响设备运行状况。

污水泵站运行时，应定时开启机械格栅打捞栅渣，值班员应及时清理栅渣。进水量和栅渣量较大的污水泵站，可采用机械格栅连续运行方式，既能够避免栅渣堵塞进水，也能够避免机械格栅卡阻问题。

2. 污水泵站运行制度

污水泵站运行采取全年24h值班制度。每班定时对设备运行状况进行巡视，清理栅

渣,填写抽升记录。定期开展设备维护保养、点检工作。具体运行制度如下:

(1) 泵站全年安排运行人员24h值班,泵站运行工作执行《污水泵站运行标准》。

(2) 泵站运行人员根据有关规章制度、运行标准、操作规程开展泵站运行管理工作,明确日常工作内容。

(3) 泵站运行人员严格遵守劳动纪律,落实岗位责任,服从命令,听从指挥。

(4) 值班人员保证24h通信畅通。

(5) 工作期间值班人员严禁饮酒。

(6) 严禁私自挪用泵站设备物资。

(7) 泵站运行人员须贯彻落实《泵站运行方案》和《泵站应急预案》的内容。

(8) 遇到各类突发事件,值班人员要及时上报,说明事由和现场目前状况,不得出现迟报、缓报、瞒报、漏报现象。

(9) 根据泵站运行标准和规程,对泵站机电设备、设施进行检查、维护、保养。

(10) 运行人员按照《泵站内业资料记录标准》要求,认真填写内业资料。

(11) 污水泵站运行时,应定时开启机械格栅,每班对机械格栅进行不少于2次的巡视、清渣作业。

(12) 运行人员应每天对泵站环境卫生进行打扫,保持泵站环境整齐美观。

2.5 排水泵站运行维护新技术

2.5.1 泵站、初期池、调蓄池的运行工艺

2.5.1.1 初期池和调蓄池

初期池是一种收集初期雨水的设施。初期雨水一般是指地面10~15mm厚已形成地表径流的降雨。由于降雨初期,雨水溶解了空气中的大量酸性气体、汽车尾气、工厂废气等污染性气体,降落地面后,又冲刷了屋面、沥青混凝土道路等,使得前期雨水中含有大量的污染物质,前期雨水的污染程度较高,甚至超出普通城市污水的污染程度。为避免下游承受水体被污染,初期雨水应排入污水管网系统,以实现雨水循环利用的功能和作用。

调蓄池是一种雨水收集设施,它的外形特征是占地面积大、容积大,一般建造于城市的广场或绿地的下方。它的主要作用是把雨水径流的高峰流量暂时存于池内,待最大流量峰值下降后,再将雨水从池内慢慢排出。从而在降雨时避开雨水洪峰,提高排水区域的排水保障能力,对排水调度起到积极作用。

雨水利用工程中,为满足雨水利用的要求而设置调蓄池储存雨水,储存的雨水净化后可综合利用。对需要控制面源污染、削减排水管道峰值流量、防止地面积水或需提高雨水利用率的城镇,宜设置雨水调蓄池。

2.5.1.2 雨水泵站抽升与调蓄池蓄水联动流程

(1) 雨水经过收集系统,首先进入初期雨水池。

(2) 当初期雨水池的蓄水量超过设计最大容积量时,雨水通过分流井经管道进入雨水泵站;泵站启动水泵抽升雨水。

(3) 当遇到极端天气,泵站满负荷运行时,雨水通过初期池溢流口进入调蓄池;调蓄

池将雨水径流的高峰流量暂时存于池内。

（4）降雨时，泵站通过退水系统将雨水排入下游。

（5）降雨停止后，初期池雨水排入下游污水管网系统。

（6）降雨停止后，调蓄池内雨水排入下游退水系统。

泵站、初期池、调蓄池运行流程如图2.15所示。

2.5.1.3 初期池自冲洗技术

由于初期池长时间运行，池底有大量的水垢、杂物、淤泥积聚，再加上蓄水水质较差，积聚的大量杂物会造成水池容积减少、池内产生有毒有害气体、淤堵水泵设备等隐患，严重影响了设施保障度，危害工作人员的身体健康，以及机组设备的正常运行。在清理池底淤泥等沉积物时，需要大量的人力物力，耗费较长的时间，大大提高了工人的劳动强度，并且降低了劳动效率。

因此，可在现有初期池中简单改造，既可安装门式自动冲洗系统，还不会减少池内容积。门式自动冲洗系统运行可靠、稳定，一般情况下经过一次冲洗即可将大颗粒沉积物冲刷干净。冲洗设备（图2.16）工艺流程如下：

图2.15　泵站、初期池、调蓄池运行工艺流程图　　图2.16　门式自动冲洗设备

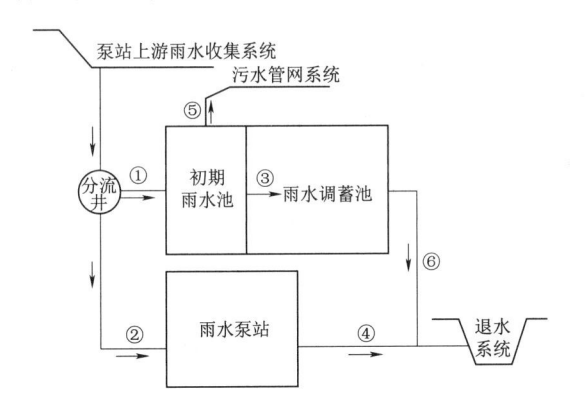

（1）在雨水初期池中建设一个冲洗廊道，作为清洗调蓄池的冲洗水源。

（2）需要清洗沉淀于池底的水中污染物时，首先应排空雨水初期池，通过控制系统将冲洗门开启，开始对池底和泵池进行清洗。

（3）冲洗门开启之后，储水间内的水源产生强大的冲洗水流（类似水坝放水），对初期池底部进行冲洗。冲洗完毕后，冲洗门恢复原位，等待下次蓄水冲洗。

2.5.2 排涝泵站的运行工艺

排涝泵站的建设目的是排除设计标准下不能自流排至下游，并且不能被滞洪区容纳的来水量，因此其规模需要根据设计标准下最不利情况的调洪分析来计算确定。

排涝泵站一般分布在较大的明渠或河道入江（河）附近，水文计算分析的是采用一定频率较长历时暴雨（1d或3d）且短历时、高强度暴雨产生的排水量峰值，形成径流全过程。

排涝泵站主要有3个特征参数，即排涝流量、特征扬程、特征水位。这些参数均根据相关规范中的特定原则来确定。

以北京市东城区的夕照寺排涝泵站为例，该泵站运行流程（图 2.17）如下：

（1）遇到降雨时，上游道路和下凹桥区的汇水通过雨水方沟排入东护城河。此时，向东护城河方向的闸门常开，排涝泵站进水闸门常闭。

（2）遇到极端天气时，当下游河道和方沟闸前液位达到设计水位时，为避免下游河道由于水位上涨对方沟造成倒灌，以及确保方沟上游雨水能够顺利排出，此时关闭方沟闸门，打开排涝泵站进水方沟闸门，雨水通过进水渠道进入泵站，水泵开启抽升。

（3）上游雨水经排涝泵站通过方沟闸门后侧强排入河。

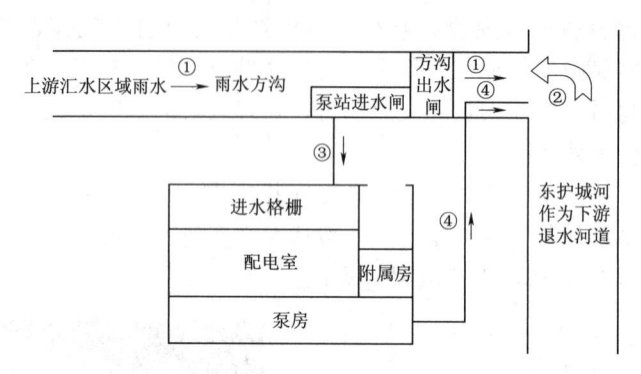

图 2.17 排涝泵站运行工艺流程图

2.6 有关我国城镇排水的标准规范

2.6.1 《城乡排水工程项目规范》（GB 55027—2022）

《城乡排水工程项目规范》（GB 55027—2022），自 2022 年 10 月 1 日起实施。相关重要条款摘要如下：

1.0.3 排水工程的规划、建设和运行，应遵循以下原则：

1 统筹区域流域的生态环境治理与城乡建设，保护和修复生态环境自然积存、自然渗透和自然净化的能力，合理控制城镇开发强度，满足蓝线和水面率的要求，实现生活污水的有效收集处理和污泥的安全处理处置；

2 统筹水资源利用与防灾减灾，提升城镇对雨水的渗、滞、蓄能力，充分利用再生水，强化雨水的积蓄利用；

3 统筹防洪与城镇排水防涝，提升城镇雨水系统建设水平，加强城镇排水防涝和流域防洪的体系衔接。

1.0.4 排水工程应加强科学技术研究，优先采用经过实践验证且具有技术经济优势的新技术、新工艺、新材料、新设备，提升排水工程收集处理效能和内涝防治水平，促进资源回收利用，提高科学管理和智能化水平，实现全生命周期的节能降耗。

2.1.2 除干旱地区外，新建地区的排水体制应采用分流制。

2.1.3 既有合流制排水系统，应综合考虑建设成本、实施可行性和工程效益，经技术经济比较后实施雨水、污水分流改造；暂不具备改造条件的，应根据受纳水体水质目标和水环境容量，确定溢流污染控制目标，并采取综合措施，控制溢流污染。

2.1.4 排水工程应包括雨水系统和污水系统。

2.1.5 城镇雨水系统的布局，应符合下列规定：

1 应坚持绿蓝灰结合和蓄排结合的原则；

2 应结合城镇防洪、周边生态安全格局、城镇竖向、蓝绿空间和用地布局确定；

3 应综合考虑雨水排水安全、建设和运行成本、径流污染控制和城镇水生态要求。

2.1.8 城镇污水系统的建设规模，应满足旱季设计流量和雨季设计流量的收集和处理要求。旱季设计流量应根据城镇供水量和综合生活污水量变化系数确定，地下水位较高地区，还应考虑入渗地下水量等外来水量。雨季设计流量应在旱季设计流量的基础上，增加截流雨水量。

2.3.6 雨水管渠和污水管道维护工作，应符合下列规定：

1 路面作业时，维护作业区域应设置安全警示标志，维护人员应穿戴配有反光标志的安全警示服。作业完毕，应及时清除障碍物。

2 维护作业现场严禁吸烟，未经许可严禁动用明火。开启压力井盖时，应采取相应的防爆措施。

3 下井作业前，应对管道（渠）进行强制通风，并应持续检测管道内有毒有害和爆炸性气体浓度，并确保管道内水深、流速等满足人员进入安全要求。

4 下井作业中，应根据环境条件采取确保人员安全的防护措施。

2.6.2 《室外排水设计标准》（GB 50014—2021）

《室外排水设计标准》（GB 50014—2021），自2021年10月1日起实施。相关重要条款摘要如下：

3.3.10 城镇污水厂应同步建设污泥处理处置设施，并应进行减量化、稳定化和无害化处理，在保证安全、环保和经济的前提下，实现污泥的能源和资源利用。

5.1.2 管渠平面位置和高程应根据地形、土质、地下水位、道路情况、原有的和规划的地下设施、施工条件及养护管理方便等因素综合考虑确定，并应与源头减排设施和排涝除险设施的平面和竖向设计相协调，且应符合下列规定：

1 排水干管应布置在排水区域内地势较低或便于雨污水汇集的地带；

2 排水管宜沿城镇道路敷设，并与道路中心线平行，宜设在快车道以外；

3 截流干管宜沿受纳水体岸边布置；

4 管渠高程设计除应考虑地形坡度外，尚应考虑与其他地下设施的关系及接户管的连接方便。

5.1.5 输送污水、合流污水的管道应采用耐腐蚀材料，其接口和附属构筑物应采取相应的防腐蚀措施。

5.3.11 管道的排气、排空装置应符合下列规定：

1 重力流管道系统可设排气装置，在倒虹管、长距离直线输送后变化段宜设排气装置；

2 压力管道应考虑水锤的影响，在管道的高点及每隔一定距离处，应设排气装置；

3 排气装置可采用排气井、排气阀等，排气井的建筑应与周边环境相协调；

4 在管道的低点及每隔一定距离处，应设排空装置。

5.15.3 污水管道、合流管道和生活给水管道相交时，应敷设在生活给水管道的下面或采取防护措施。

5.15.4 再生水管道与生活给水管道、合流管道和污水管道相交时，应敷设在生活给水管道下面，宜敷设在合流管道和污水管道的上面。

2.6.3 《城镇排水管渠与泵站运行、维护及安全技术规程》（CJJ 68—2016）

《城镇排水管渠与泵站运行、维护及安全技术规程》（CJJ 68—2016），自2017年3月1日起实施。相关重要条款摘要如下：

4.2.2 水泵运行应符合下列规定：

1 水泵机组应转向正确，运转平稳，无异常振动和噪声。泵的振动速度有效值的限值应符合现行国家标准《风机、压缩机、泵安装工程施工及验收规范》（GB 50275）的有关规定；

2 水泵机组应在规定的电压、电流范围内运行；

3 水泵机组轴承润滑状态应良好，滚动轴承温度不应大于80℃，滑动轴承温度不应大于60℃，温升不应大于35℃；

4 轴封机构不应过热，机械密封不得有泄漏量，普通软性填料轴封机构泄漏量为10滴/min～20滴/min；

5 水泵机座螺栓应紧固，泵体连接管道不得发生渗漏；

6 水泵轴封机构、联轴器、电机、电气器件等运行时，应无异常；

7 集水池水位应满足水泵正常运行的要求；

8 格栅前后水位差应小于200mm；

9 水泵机组冷却系统应保持运行；

10 如发现有异常情况，应停机处理。

4.2.3 水泵停止运行时应符合下列规定：

1 轴封机构不得漏水；

2 各类止回阀或出水拍门闭合应有效，无异常；

3 停泵时泵轴应无明显卡阻；

4 冷却水及通风系统应停止或按水泵操作规定延时停止运行。

4.2.4 不经常运行的水泵应符合下列规定：

1 卧式泵应每周用工具盘动泵轴，改变相对搁置位置；

2 单台机组试泵周期不应大于15天，试运行时间不宜小于5min；

3 蜗壳泵不运行期间应放空泵内剩水；

4 高压电机运行前应测量绕组绝缘是否正常。

第 3 章

安 全 基 础 知 识

3.1 安 全 常 识

3.1.1 安全生产概念及意义

3.1.1.1 安全生产定义

安全生产是指在生产经营活动中,为了避免造成人员伤害和财产损失而采取相应的事故预防和控制措施,以保证从业人员的人身安全和职业健康,保证生产经营活动得以顺利进行的相关活动。

一般意义上讲,安全生产是指在社会生产活动中,采取一系列安全保障措施,通过人、机、物料、环境、方法的和谐运作,有效消除或控制危险和有害因素,使生产过程在符合规定的物质条件下有序进行,使生产过程中潜在的各种事故风险和伤害因素始终处于有效控制状态,避免人身伤亡和财产损失等生产事故发生,保障人员安全与健康、设备和设施免受损坏、环境免遭破坏,使生产经营活动得以顺利进行的一种状态,图3.1所示为安全与生产平衡才能走好路。

安全生产是生产与安全的统一,其宗旨是安全促进生产,生产必须安全。改善劳动条件,搞好安全工作,可以调动职工的生产积极性;减少职工伤亡和财产损失,无疑会促进生产的发展,可以增加企业效益;而生产必须安全,则是因为安全是生产的前提条件,没有安全就无法生产,图3.2所示为安全是生产的前提条件。

图 3.1 安全与生产平衡才能走好路　　图 3.2 安全是生产的前提条件

3.1.1.2 安全生产方针

我国的安全生产方针是"安全第一,预防为主,综合治理",如图3.3所示。

1. "安全第一"的含义

(1) 劳动者的生命安全和职业健康第一。这是指在生产工作中,当人与物同时受到危险时首先要选择对人施救。

(2) 生产的安全保护措施第一；生产条件安全化第一；危险因素的识别第一。

2. "预防为主"的含义

(1) 三不伤害原则：不伤害自己，不伤害别人，不被别人伤害。

(2) 在作业前的准备工作中，控制违章违纪行为，加强对人的管理，加强对设备、工具及作业环境的管理，如图 3.4 所示。

图 3.3　安全第一

图 3.4　加强对设备、工具及作业环境的管理

(3) 对职工进行经常性的安全教育和安全培训。

(4) 作业中的劳动保护用品佩戴齐全。

3. 安全生产的三级教育

《中华人民共和国安全生产法》（简称《安全生产法》）中明确规定任何单位新员工入职前后都必须经过三级安全教育，如企业新职工必须进行厂级、车间、班组三级安全教育，在考试合格后才能独立操作。

3.1.1.3　安全生产本质

安全生产的本质是在生产过程中预防各种事故的发生，确保国家财产和人民生命安全。

1. 安全生产本质的核心

保护劳动者的生命安全和职业健康是安全生产最根本、最深刻的内涵，是安全生产本质的核心。

2. 突出强调了最大限度的保护

所谓最大限度的保护，是指在当前经济社会所能提供的客观条件的基础上，尽最大的努力加强安全生产的一切措施，保护劳动者的生命安全和职业健康。

3. 突出了在生产过程中的保护

安全生产的以人为本，具体体现在生产过程中的以人为本。安全是生产的前提，安全又贯穿于生产过程的始终。二者发生矛盾时，生产必须服从于安全，安全第一。安全工作是企业效益的保障，如图 3.5 所示。

4. 突出了一定历史条件下的保护

一定历史条件是指在特定历史时期的社会生产力发展水平和社会文明程度。受一定历史发展阶段的体制、法制、政策、科技、文化、经济实

图 3.5　安全工作是企业效益的保障

力和劳动者素质等条件的制约，搞好安全生产离不开这些条件，因此，立足现实条件，充分利用和发挥现实条件，加强安全生产工作，为最大限度保护劳动者的生命安全和职业健康提供新的条件、新的手段、新的动力。

3.1.2 危险源

3.1.2.1 定义

1. 危险源

危险源是指可能造成人员伤害和疾病、财产损失、作业环境破坏或其他损失的根源、状态或行为，或其组合。从上述意义上讲，危险源可以是一次事故、一种环境、一种状态的载体，也可以是可能产生不期望后果的人或物。例如操作过程中，没有完善的操作标准，可能使员工出现不安全行为，因此没有操作标准是危险源。例如建筑工程施工现场的油库、炸药库，皆有发生火灾、爆炸事故的可能，所以两者都是危险源。

2. 重大危险源

《安全生产法》第一百一十二条阐明，重大危险源是指长期地或临时地生产、搬运、使用或者储存危险物品，且危险物品的数量等于或者超过临界量的单元（包括场所和设施）。

3.1.2.2 要素

作为危险源应具有以下三个要素。

1. 潜在危险性

危险源的潜在危险性是指一旦触发事故，可能带来危害程度或损失大小，或者是危险源可能释放的能量强度或危险物质量的大小。

2. 存在条件

危险源的存在条件是指危险源所处的物理、化学状态和约束条件状态。包括：理化性能，如温度、压力、状态、有害特性等；设备完好程度，如缺陷、维护保养、使用年限等；防护条件，如防护措施、故障处理措施、安全装置及标志等；操作条件，如操作技术水平、操作失误率等；管理条件，如组织、指挥、协调、控制、计划等。

3. 触发因素

触发因素包括人为因素，如不正确的操作、粗心大意、漫不经心、心理因素、生理因素等；物的因素，如设备、设施、工具、附件缺陷等；自然因素，包括引起危险源转化的各种自然条件及其变化，如气温、雷电等。触发因素虽然不属于危险源的固有因素，但它是危险源转化成事故的外因，而且每一类型的危险源都有相应的敏感触发因素。

只有同时具备这三个基本因素，才能称为发生事故的危险源。

3.1.2.3 危险源辨识

1. 危险源辨识内容、时态

危险源辨识应关注物的、人的行为的、环境的、管理的风险，并重点考虑以下几个方面的内容：

（1）物的因素。包括设备、设施、电气、装置、工具等物质本身造成危害的因素。

（2）环境因素。因人与人周边的环境造成危害的因素，包括：

1）物理因素。包括设备、设施、电气、装置、工具、信号、标志等的缺陷。

2) 化学因素。包括易燃、易爆、有毒、有害、腐蚀等起化学反应物质因素。

3) 心理、生理因素。包括负荷超限、健康状况异常、从事禁忌作业、心理异常及辨识功能缺陷等因素。

4) 作业环境因素。包括作业区（地）域、道路交通、自然条件（地质、气候、采光）等因素。

(3) 人的行为因素。包括指挥错误（失误、违章）、作业错误（误操作、违章作业）、监护失误及其他行为因素。

(4) 管理因素。包括对物、人、作业程序管理缺陷及安全检查、监测和事故防范措施等方面因素。

(5) 危险源辨识时应考虑三种时态、三种状态：

1) 三种时态：将来、现在和过去，见表3.1。

表 3.1　　　　　　　　　　三 种 时 态 危 险 源

时态	危 险 源
将来	危险源的将来时态是指组织将来产生的职业健康安全问题。如将来潜在的法律、法规的变化使计划中的活动可能带来的职业健康安全问题，新项目引入、新产品、工艺设计时可能带来的职业健康安全问题等
现在	危险源的现在时态是指组织现在产生的职业健康安全问题
过去	危险源的过去时态是指以往遗留的职业健康安全问题和过去发生的职业健康安全事故等。如过去化学品使用常发生伤人事件

2) 三种状态：正常、异常和紧急，见表3.2。

表 3.2　　　　　　　　　　三 种 状 态 危 险 源

状态	危 险 源
正常	危险源的正常状态是指在日常的生产条件下可能产生的职业健康安全问题
异常	危险源的异常状态是指在开/关机、停机、检修等可以预见到的情况下产生的与正常状态有较大差异的问题。例如，危险化学品储存罐检修时，面临的危险比正常状态下要大得多
紧急	危险源的紧急状态，如火灾、爆炸、大规模泄漏、设施和仪器故障、台风、洪水等突发情况

2. 危险源辨识方法与步骤

危险源辨识过程如图3.6所示：

(1) 危险源辨识调查的方法。采用询问和交谈、现场观察、相关行业标准、查阅有关记录和工作任务分析等。

(2) 危险源辨识按以下步骤进行：

1) 进行危险源辨识前，组织有关人员进行有关危险源辨识与风险评价控制等知识的培训。

2) 由各部门指定人员对本部门生产经营活动、工作过程所使用的设备、工具等，在操作、运输过程中，可能产生对操作者或其他人的伤害，逐项检查，识别危险源。

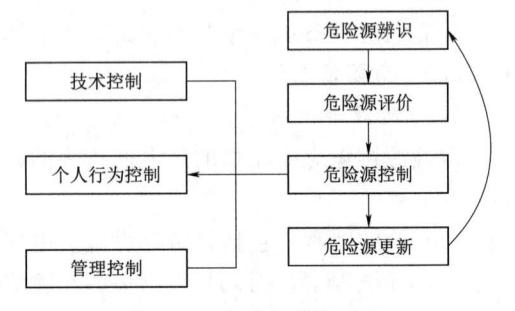

图 3.6　危险源辨识过程

3）安全部门与各部门相关人员共同对危险源进行确认。

4）经确认的危险源，由安全部门负责整理汇总，列出正式的《危险源调查评价表》（汇总），确定《重大风险清单及控制措施》。

3.1.3 常见排水泵站危险源的识别

城镇公共排水系统四通八达，贯穿于城市地下，为了便于日常维护管理，一般随城市道路同步建设实施。在满足排水设施运行条件的同时，排水管网建设施工及运行养护管理过程中伴随着可能导致生产安全事故的多种危险源。

3.1.3.1 管网建设

排水管道施工特点是施工环境多变、流动性大、施工作业条件差、手工露天作业多、沟坑、吊装、高处、立体交叉作业多、临时占道、用电设施多、劳动组合不稳定，因此管道施工现场存在的危险有害因素比较复杂。典型的危险有害因素有：

（1）地下管线（设施）调查不清，会导致开槽作业等土方施工时破坏现有地下设施，同时具有造成次生伤亡事故的可能性。

（2）新建污水管线建成后与现有污水管线勾头、打堵，存在有毒有害气体中毒造成人员伤亡的可能性。

（3）管道穿越公路、铁路、河道等重要设施进行顶管作业时，受车辆荷载、地下水、地质变化、施工方案不合理或方案执行不力等因素影响，有可能造成施工人员、社会车辆损失等事故。

3.1.3.2 管网养护

排水管网相对处于密闭环境，长期运行会产生并聚集硫化氢、一氧化碳、可燃性气体及其他有毒有害气体，而且作业环境狭小、潮湿、黑暗，工作人员如果不做任何安全防护措施就下井作业，极易发生生产安全事故。典型的危险有害因素如下：

（1）管道检查井、室的中毒窒息事故。投入运行的管道或井、室中常常会存在有毒有害气体浓度超标和氧气含量不足等问题，如在进入前未进行检查或检查设备失灵等问题操作不当，可能造成中毒、窒息、爆炸等事故，导致人员伤亡。

（2）巡查、养护、应急抢险机械操作事故。作业过程中出现打开井盖不慎砸脚；下井不慎引发坠落、撞伤等事故；操作设备时不慎引起的机械伤害、触电等事故。

（3）道路作业过程中的交通事故。社会车辆因驾驶不慎可能对作业人员造成伤亡事故；作业车辆因驾驶不慎可能对社会人员造成伤亡事故等。

3.1.3.3 设施管理

城镇公共排水设施体量大，在管理这些设施时，工作量也很大。如养护管理单位存在设施失养、失管、失修等情况时，可能引发公共安全事故。典型危险有害因素有：

（1）排水管网因结构性隐患或功能性隐患导致塌陷，造成人身伤害、车辆损坏的公共安全事故。

（2）井盖丢失导致人身伤害、车辆损坏的公共安全事故；管线因无下游等原因产生雨污水外溢冒水事故。

（3）下雨导致上游淹泡，立交桥下、路面严重积滞水影响交通的事故。

（4）通过排水管网传播重大传染病疫情事故。

3.1.3.4 防汛保障、应急抢险

防汛抽排及应急抢险过程中，发电机及其相关设备因作业环境潮湿可能引发人员触电事故；基坑边缘坍塌引发坠落事故；吊车吊物引发物体坠落事故；排水管道断裂事故及其他事故。

3.1.3.5 泵站运行及养护

（1）泵站运行：泵站运行日常工作中，由于操作不当易造成机械伤害事故，如机械格栅操作及养护过程中，因操作不规范造成的人员伤害及设备损坏；因水泵运行及维护操作不规范造成人员伤害及设备损坏；此外还有像天车、电动葫芦、手动电动闸阀、发电机、通风类设备的不当操作引发的人员伤害及设备损坏等。

（2）泵站养护：泵站设备设施周期性养护工作实施过程中的危险有害因素有进退水管线的检查及清掏工作中因防护不当造成的有毒有害气体中毒或爆炸事故；电气设备的预防性实验与清扫工作易造成人员触电事故等。

3.1.3.6 其他危险源

食物中毒；夏天高温中暑、冬天低温冻伤；库房、办公场所火灾事故；设施、设备被盗事故；网络数据信息泄漏事故；与水体相关的传染性疾病暴发导致的事故；因战争、破坏、恐怖活动等突发事件导致的事故；其他可能导致发生生产安全事故的危险源。

3.1.4 常见危险源的防范

在作业过程中，主要的危险源包括有毒有害气体中毒与窒息、机械伤害、触电、高空跌落、溺水等。应利用工程技术控制、人行为控制和管理技术等手段消除、控制危险源，防止事故发生，造成人员伤害和财产损失。

3.1.4.1 技术控制

技术控制是指采用技术措施对危险源进行控制，主要技术包括消除、防护、减弱、隔离、连锁和警告等措施。

1. 消除措施

消除系统中的危险源，可以从根本上防止事故的发生。但是，按照现代安全工程的观点，彻底消除所有危险源是不可能的。因此，人们往往首先选择危险性较大，并且在现有技术条件下可以消除的危险源作为优先考虑的对象。可以通过选择合适的工艺、技术、设备、设施，合理的结构形式，无害、无毒和不能致人伤亡的物料，来彻底消除某种危险源。

2. 防护措施

当消除危险源有困难时，可采取适当的防护措施，如使用安全阀、安全屏护、漏电保护装置、安全电压、熔断器、排风装置等。

3. 减弱措施

在无法消除危险源和难以预防危险发生的情况下，可采取减轻危险因素的措施，如选择降温措施、避雷装置、消除静电装置、减振装置等。

4. 隔离措施

在无法消除、预防和隔离危险源的情况下，应将作业人员与危险源隔离，并将不能共存的物质分开，如采取遥控作业，设置安全罩、防护屏、隔离操作室、安全距离等。

5. 连锁措施

当操作者操作失误或设备运行达到危险状态时,应通过连锁装置终止危险、危害发生。

6. 警告措施

在易发生故障和危险性较大的地方,设置醒目的安全色、安全标志;必要时,设置声、光或声光组合报警装置。

3.1.4.2 人行为控制

人行为控制是指控制人为失误,减少人的不正确行为对危险源的触发作用。人为失误的主要表现形式有:操作失误、指挥错误、不正确的判断或缺乏判断、粗心大意、厌烦、懒散、疲劳、紧张、疾病或生理缺陷,错误使用防护用品和防护装置等。人行为的控制首先是加强教育培训,做到人的安全化;其次应做到操作安全化。

3.1.4.3 管理控制

1. 建立健全危险源管理制度

危险源确定后,在对其进行系统分析的基础上建立健全各项规章制度,包括岗位安全生产责任制、危险源重点控制实施细则、安全操作规程、操作人员培训考核制度、日常管理制度、交接班制度、检查制度、信息反馈制度、危险作业审批制度、异常情况应急措施和考核奖惩制度等。

2. 明确责任、定期检查

根据各类危险源的等级,确定好责任人,明确其责任和工作,特别是要明确各级危险源的定期检查责任。除了作业人员必须每天自查外,还要规定各级领导定期参加检查。对于重点危险源,应做到公司总经理等高层领导半年检查1次,分厂厂子月查,车间主任周查,工段、班组长日查。对于普通的危险源也应制定出详细的检查安排计划。

3. 做好危险源控制管理的基础建设工作

危险源控制管理的基础工作除建立健全各项规章制度外,还应建立健全危险源的安全档案和设置安全标志牌。应按安全档案管理的有关内容要求建立危险源的档案,并指定由专人保管,定期整理。应在危险源的显著位置悬挂安全标志牌,标明危险等级,注明负责人员,按照国家标准的安全标志表明主要危险,并扼要注明防范措施。

4. 加强危险源的日常管理

要严格要求作业人员贯彻执行有关危险源日常管理的规章制度。做好安全值班和交接班,按安全操作规程进行操作;按安全检查表进行日常安全检查;危险作业经过审批等。所有活动均应按要求认真做好记录。领导和安全技术部门定期进行严格检查考核,发现问题,及时给予指导教育,根据检查考核情况进行奖惩。在有危险源的区域设置危险源警示标牌,方便职工了解危险源(表3.3)。

5. 及时整改隐患

要建立健全危险源信息反馈系统,制定信息反馈制度并严格贯彻实施。对检查发现的事故隐患,应根据其性质和严重程度,按照规定分级实行信息反馈和整改,做好记录,发现重大隐患应立即向安全技术部门和行政第一领导报告。信息反馈和整改的责任应落实到人。

表 3.3　　　　　　　　　　　重大危险源公示牌

序号	危险源名称	伤害事故	控 制 措 施
1	起重吊装作业	物体打击、高处坠落、倾覆、倒塌	塔司、信号工持证上岗；安全交底、班前讲话；检查、保养、调试等
2	高支模板、大模板安装、拆除、吊运、存放	坍塌、物体打击、高处坠落	编制方案、班前教育、安全交底；设独立存放区、搭设存放架；施工过程监督、巡视、验收，检查吊环、索口、临时固定、支撑措施等
3	防护脚手架、作业平台搭拆和使用	坍塌、物体打击、高处坠落	编制方案、班前教育、安全交底、持证上岗；系挂安全带、检查预埋件、连墙件，卸荷钢丝绳拉接，作业层铺板严密，隔层防护搭设到位，现场巡视、现场验收等
4	临时用电	触电、火灾	选用符合国标电气产品；三级配电、逐级保护、佩戴个人防护用品、持证上岗；操作规范、临时防护措施、安全检查等
5	电气焊	火灾、触电、爆炸	持证上岗、安全交底、班前教育；电气焊作业安全操作规程、防雨防晒防砸措施；开具动火证、配备灭火器、专人监护、清理现场、切断电源等
6	高处作业	高空坠落	编制方案、安全交底、系挂安全带；临边防护，孔洞防护，安装密目网、护栏；首层、隔层防护等

6. 做好考核评价和奖惩

应对危险源控制管理的各方面工作制定考核标准，并力求量化，划分等级。定期严格考核评价，给予奖惩并与班组升级和评先进结合起来。逐年提高要求，促使危险源控制管理的水平不断提高。

3.2　安全生产法律法规

3.2.1　安全生产法律法规的含义和特征

3.2.1.1　安全生产法律法规的含义

安全生产法律法规是指在调整生产过程中产生的，同劳动者或生产人员的安全与健康，以及生产资料和社会财富安全保障有关的各种社会关系的法律规范的总和。

3.2.1.2　安全生产法律法规的特征

安全生产法律法规保护的对象是劳动者、生产经营人员、生产资料和国家财产，具有强制性。涉及自然科学领域和社会科学领域，因此，既有政策性特点，又有科学技术性特点。

3.2.2　《中华人民共和国安全生产法》法条释义

《全国人民代表大会常务委员会关于修改〈中华人民共和国安全生产法〉的决定》已由中华人民共和国第十三届全国人民代表大会常务委员会第二十九次会议于 2021 年 6 月 10 日通过，现予公布，自 2021 年 9 月 1 日起施行。其相关重点条款摘要如下：

第一条　为了加强安全生产工作，防止和减少生产安全事故，保障人民群众生命和财产安全，促进经济社会持续健康发展，制定本法。

第二条　在中华人民共和国领域内从事生产经营活动的单位（以下统称生产经营单

位）的安全生产，适用本法；有关法律、行政法规对消防安全和道路交通安全、铁路交通安全、水上交通安全、民用航空安全以及核与辐射安全、特种设备安全另有规定的，适用其规定。

第二十条　生产经营单位应当具备本法和有关法律、行政法规和国家标准或者行业标准规定的安全生产条件；不具备安全生产条件的，不得从事生产经营活动。

第二十一条　生产经营单位的主要负责人对本单位安全生产工作负有下列职责：

（一）建立健全并落实本单位全员安全生产责任制，加强安全生产标准化建设；

（二）组织制定并实施本单位安全生产规章制度和操作规程；

（三）组织制定并实施本单位安全生产教育和培训计划；

（四）保证本单位安全生产投入的有效实施；

（五）组织建立并落实安全风险分级管控和隐患排查治理双重预防工作机制，督促、检查本单位的安全生产工作，及时消除生产安全事故隐患；

（六）组织制定并实施本单位的生产安全事故应急救援预案；

（七）及时、如实报告生产安全事故。

第二十八条　生产经营单位应当对从业人员进行安全生产教育和培训，保证从业人员具备必要的安全生产知识，熟悉有关的安全生产规章制度和安全操作规程，掌握本岗位的安全操作技能，了解事故应急处理措施，知悉自身在安全生产方面的权利和义务。未经安全生产教育和培训合格的从业人员，不得上岗作业。

生产经营单位使用被派遣劳动者的，应当将被派遣劳动者纳入本单位从业人员统一管理，对被派遣劳动者进行岗位安全操作规程和安全操作技能的教育和培训。劳务派遣单位应当对被派遣劳动者进行必要的安全生产教育和培训。

生产经营单位接收中等职业学校、高等学校学生实习的，应当对实习学生进行相应的安全生产教育和培训，提供必要的劳动防护用品。学校应当协助生产经营单位对实习学生进行安全生产教育和培训。

生产经营单位应当建立安全生产教育和培训档案，如实记录安全生产教育和培训的时间、内容、参加人员以及考核结果等情况。

第二十九条　生产经营单位采用新工艺、新技术、新材料或者使用新设备，必须了解、掌握其安全技术特性，采取有效的安全防护措施，并对从业人员进行专门的安全生产教育和培训。

第三十条　生产经营单位的特种作业人员必须按照国家有关规定经专门的安全作业培训，取得相应资格，方可上岗作业。

特种作业人员的范围由国务院应急管理部门会同国务院有关部门确定。

第三十一条　生产经营单位新建、改建、扩建工程项目（以下统称建设项目）的安全设施，必须与主体工程同时设计、同时施工、同时投入生产和使用。安全设施投资应当纳入建设项目概算。

第4章 工作现场安全操作知识

4.1 安 全 生 产

4.1.1 劳动防护用品

4.1.1.1 劳动防护用品主要类别

劳动防护用品如图4.1所示。

(a) 头部防护用品　　(b) 呼吸防护用品　　(c) 眼面部防护用品

(d) 听力防护用品　　(e) 手部防护用品　　(f) 足部防护用品

(g) 躯干防护用品　　(h) 护肤用品　　(i) 坠落防护用品

图4.1 劳动防护用品

劳动防护用品分为以下十大类：
(1) 防御物理、化学和生物危险、有害因素对头部伤害的头部防护用品。
(2) 防御缺氧空气和空气污染物进入呼吸道的呼吸防护用品。
(3) 防御物理和化学危险、有害因素对眼面部伤害的眼面部防护用品。
(4) 防御噪声危害及防水、防寒等的听力防护用品。
(5) 防御物理、化学和生物危险、有害因素对手部伤害的手部防护用品。
(6) 防御物理和化学危险、有害因素对足部伤害的足部防护用品。

(7) 防御物理、化学和生物危险、有害因素对躯干伤害的躯干防护用品。

(8) 防御物理、化学和生物危险、有害因素损伤皮肤或引起皮肤疾病的护肤用品。

(9) 防止高处作业劳动者坠落或者高处落物伤害的坠落防护用品。

(10) 其他防御危险、有害因素的劳动防护用品。

4.1.1.1.2 劳动防护用品的使用与管理

1. 头部防护用品及其使用常识

头部防护用品是为了防御头部不受外来物体打击和其他因素危害而配备的个人防护装备。根据防护功能要求，目前主要有一般防护帽、防尘帽、防水帽、防寒帽、安全帽、防静电帽、防高温帽、防电磁辐射帽、防昆虫帽等九类产品。

在工伤、交通死亡事故中，因头部受伤致死的比例最高，大约占死亡总数的35.5%，其中因坠落物撞击致死的为首，其次是交通事故。使用安全帽能够避免或减轻上述伤害。

(1) 安全帽的种类。对人体头部受外力伤害起防护作用的帽子为安全帽，它由帽壳、帽衬、下颏带、后箍等组成。安全帽分为六类：通用型安全帽、乘车型安全帽、特殊型安全帽、军用钢盔、军用保护帽和运动员用保护帽。其中通用型和特殊型安全帽属于劳动保护用品。

1) 通用型安全帽。这类帽子有只防顶部的，既防顶部又防侧向冲击的两种。具有耐穿刺特点，用于建筑运输等行业。有火源场所使用的通用型安全帽耐燃。安全帽结构如图4.2所示。

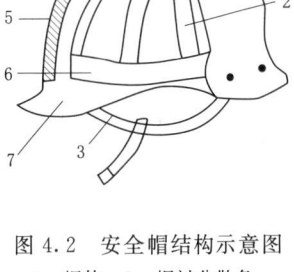

2) 特殊型安全帽。

a. 电业用安全帽。帽壳绝缘性能很好，电气安装、高电压作业等行业使用得较多。

b. 防静电安全帽。帽壳和帽衬材料中加有抗静电剂，用于有可燃气体或蒸汽及其他爆炸性物品的场所，其指《爆炸危险场所电气安全规程》规定的0区、1区，可燃物的最小引燃能量在0.2mJ以上。

c. 防寒安全帽。低温特性较好，利用棉布、皮毛等保暖材料做面料，在温度不低于－20℃的环境中使用。

d. 耐高温、辐射热安全帽。热稳定性和化学稳定性较好，在消防、冶炼等有辐射热源的场所里使用。

e. 抗侧压安全帽。机械强度高，抗弯曲，用于林业、地下工程、井下采煤等行业。

图4.2 安全帽结构示意图
1—帽体；2—帽衬分散条；
3—系带；4—帽衬顶带；
5—吸收冲击内衬；
6—帽衬环形带；
7—帽檐

f. 带有附件的安全帽。为了满足某项使用要求而带附件的安全帽。

(2) 安全帽的使用。据有关部门统计，坠落物撞击致伤的人数中有15%是因使用安全帽不当造成的。所以不能以为戴上安全帽就能保护头部免受冲击伤害。在实际工作中还应了解和做到以下几点：

1) 任何人进入生产现场或在厂区内外从事生产和劳动时，必须戴安全帽（国家或行业有特殊规定的除外；特殊作业或劳动，采取措施后可保证人员头部不受伤害并经过安监部门批准的除外）。

2) 戴安全帽时,必须系紧安全帽带,保证各种状态下不脱落;安全帽的帽檐,必须与目视方向一致,不得歪戴或斜戴。

3) 不能私自拆卸帽上部件和调整帽衬尺寸,以保持垂直间距和水平间距符合有关规定值,用来预防冲击后触顶造成的人身伤害。

4) 严禁在帽衬上放任何物品。严禁随意改变安全帽的任何结构。严禁用安全帽充当器皿使用。严禁用安全帽当坐垫使用。

5) 安全帽必须有说明书,并指明使用场所以供作业人员合理使用。

6) 应经常保持帽衬清洁,不干净时可用肥皂水和清水冲洗。用完后不能放置在酸碱、高温、日晒、潮湿和有化学溶剂的场所。

7) 使用中受过较大冲击的安全帽不能继续使用。

8) 若帽壳、帽衬老化或损坏,降低了耐冲击和耐穿透性能,不得继续使用,要更换新帽。

9) 防静电安全帽不能作为电业用安全帽使用,以免造成触电。

10) 安全帽从购入时算起,植物帽一年半使用有效。塑料帽不超过两年,层压帽和玻璃钢帽两年半、橡胶帽和防寒帽三年、乘车安全帽为三年半。上述各类安全帽超过其一般使用期限易出现老化,丧失安全帽的防护性能。

2. 呼吸防护用品及其使用常识

呼吸防护用品是为防御有害气体、蒸汽、粉尘、烟、雾从呼吸道吸入,直接向使用者供氧或清洁空气,保证尘、毒污染或缺氧环境中作业人员正常呼吸的防护用品。

呼吸防护用品主要有防尘口罩和防毒口罩(面罩)。

(1) 防尘口罩、面罩的使用。

1) 作业场所除粉尘外,还伴有有毒的雾、烟、气体或空气中氧含量不足18%时,应选用隔离式防尘用具,禁止使用过滤式防尘用具。

2) 淋水、湿式作业场所。选用的防尘用具应带有防水装置。

3) 劳动强度大的作业,应选用吸气阻力小的防尘用具。有条件时,尽量选用送风式口罩或面罩。

4) 使用前要检查部件是否完整,如有损坏必须及时整理或更换。此外,应注意检查各连接处的气密性,特别是送风口罩或面罩,看接头、管路是否畅通。

5) 佩戴要正确,系带和头箍要调节适度,对面部应无严重压迫感。

6) 复式口罩和送风口罩头盔的滤料要定期更换,以免增大阻力。电动送风口罩的电源要充足,按时充电。

7) 各式口罩的主体(口鼻罩)脏污时,可用肥皂水洗涤。洗后应在通风处晾,切忌暴晒、火烤,避免接触油类、有机溶剂等。

8) 防尘用具宜专人专用。使用后及时装塑料袋内,避免挤压、损坏。

9) 对于长管面具,在使用前应对导气管进行查漏,确定无漏洞时才能使用。导气管的进气端必须放置在空气新鲜、无毒无尘的场所中。所用导气管长度以10m内为宜,以防增加通气阻力。当移动作业地点时,应特别注意不要猛拉、猛拖导气管,并严防压、戳、拆等。

(2) 防毒口罩、面具的使用。防毒面具、口罩可分为过滤式和隔离式两类。过滤式防毒用具是通过滤毒罐、盒内的滤毒药剂滤除空气中的有毒气体再供人呼吸。因此劳动环境中的空气含氧量低于18%时不能使用。通常滤毒药剂只能在确定了毒物种类、浓度、气温和一定的作业时间内起防护作用。所以过滤式防毒口罩、面具不能用于险情重大、现场条件复杂多变和有两种以上毒物的作业；隔离式防毒用具是依靠输气导管将无污染环境中的空气送入密闭防毒用具内供作业人员呼吸。它适用于缺氧、毒气成分不明或浓度很高的污染环境。

1) 使用防毒口罩时，严禁随便拧开滤毒盒盖，避免滤毒盒剧烈震动，以免引起药剂松散；同时应防止水和其他液体滴溅到滤毒盒上，否则降低防毒效能。

2) 使用防毒口罩过程中，对有臭味的毒气，当嗅到轻微气味时，说明滤毒盒内的滤毒剂失效。对于无味毒气，则要看安装在滤毒盒里的指示纸或药剂的变色情况而定。一旦发现防毒药剂失效，应立刻离开有毒场所，并停止使用防毒口罩，重新更换药剂后方可使用。

3) 佩戴防毒口罩时，系带应根据头部大小调节松紧，两条系带应自然分开套在头顶的后方。过松和过紧都容易造成漏气或感到不舒服。

4) 防毒面具使用中应注意正确佩戴，头罩一定要选择合适的规格，罩体边缘与头部贴紧。另外，要保持面具内气流畅通无阻，防止导气管扭弯压住，影响通气。

5) 当在作业现场突然发生意外事故出现毒气而作业人员一时无法脱离时，应立即屏住气，迅速取出面罩戴上；当确认头罩边缘与头部密合或佩戴正确后，猛呼出面具内余气，方可投入正常使用。

6) 若防毒面具某一部件损坏，以致不能发挥正常作用，而且来不及更换面具的情况下，使用者可采取下列应急处理方法，然后迅速离开有毒场所：

a. 头罩或导气管发现孔洞时，可用手捏住。若导气管破损，也可将滤毒罐直接与头罩连接使用，但应注意防止因罩体增重而发生移位漏气。

b. 呼气阀损坏时，应立即用手堵住出气孔，呼气时将手放松吸气时再堵住。

c. 发现滤毒罐有小孔洞时，可用手、黏土或其他材料堵塞。

7) 使用后的防毒面具，要清洗、消毒、洗涤后晾干，切勿火烤、暴晒，以防材料老化。滤毒罐用后，应将顶盖、底塞分别盖上、堵紧，防止滤毒剂受潮失效。对于失效的滤毒罐，应及时报废或更换新的滤毒剂和作再生处理。

8) 一时不用的防毒面具，应在橡胶部件上均匀撒上滑石粉，以防黏合。现场备用的面具，放置在专用的柜内，并定期维护和注意防潮。

3. 眼面部防护用品及其使用常识

预防烟雾、尘粒、金属火花和飞屑、热、电磁辐射、激光、化学飞溅等伤害眼睛或面部的个人防护用品称为眼面部防护用品。

眼面部防护用品种类很多，根据防护功能，大致可分为防尘、防水、防冲击、防高温、防电磁辐射、防射线、防化学飞溅、防风沙、防强光九类。

焊接用眼镜、面罩的使用如下：

据统计，电光性眼炎在工矿企业的焊接作业中比较常见，其主要原因在于挑选的防护眼镜不合适。因此有关的作业人员应掌握下列一些使用防护眼镜的基本办法：

(1) 使用的眼镜和面罩必须经过有关部门检验。

(2) 挑选、佩戴合适的眼镜和面罩，以防作业时脱落和晃动，影响使用效果。

(3) 眼镜框架与脸部要吻合，避免侧面漏光。必要时应使用带有护眼罩或防侧光型眼镜。

(4) 防止面罩、眼镜受潮、受压，以免变形损坏或漏光。焊接用面罩应该具有绝缘性，以防触电。

(5) 使用面罩式护目镜作业时，累计8h至少更换1次保护片。防护眼镜的滤光片被飞溅物损伤时，要及时更换。

(6) 保护片和滤光片组合使用时，镜片的屈光度必须相同。

(7) 对于送风式、带有防尘、防毒面罩的焊接面罩，应严格按照有关规定保养和使用。

(8) 当面罩的镜片被作业环境的潮湿烟气及作业者呼出的潮气罩住，使其出现水雾，影响操作时，可采取下列措施解决：

1) 水膜扩散法。在镜片上涂上脂肪酸或硅胶系的防雾剂，使水雾均等扩散。

2) 吸水排除法。在镜片上浸涂界面活性剂（PC树脂系），将附着的水雾吸收。

3) 真空法。对某些具有二重玻璃窗结构的面罩，可采取在二层玻璃间抽真空的方法。

4. 听力防护用品

能够防止过量的声能侵入外耳道，使人耳避免噪声的过度刺激，减少听力损失，预防由噪声对人身引起不良影响的个体防护用品，称为听力防护用品。听力防护用品主要有耳塞、耳罩和防噪声头盔三大类。

听力防护用品的使用方法：

(1) 佩戴耳塞时，先将耳廓向上提起使外耳道口呈平直状态，然后手持塞柄将塞帽轻轻推入外耳道内与耳道贴合。

(2) 不要使劲太猛或塞得太深，以感觉适度为止，如隔声不良，可将耳塞慢慢转动到最佳位置；隔声效果仍不好时，应另换其他规格的耳塞。

(3) 使用耳塞及防噪声头盔时，应先检查罩壳有无裂纹和漏气现象。佩戴时应注意罩壳标记顺着耳型戴好，务必使耳罩软垫圈与周围皮肤贴合。

(4) 在使用护耳器前，应用声级计定量测出工作场所的噪声，然后算出需衰减的声级，以挑选各种规格的护耳器。

(5) 防噪声护耳器的使用效果不仅决定于这些用品质量好坏，还需使用者养成耐心使用的习惯和掌握正确佩戴的方法。如只戴一种护耳器隔声效果不好，也可以同时戴上两种护耳器，如耳罩内加耳塞等。

5. 手部防护用品

具有保护手和手臂的功能，供作业者劳动时戴用的手套称为手部防护用品，通常人们称为劳动防护手套。

手部防护用品按照防护功能分为十二类，即一般防护手套、防水手套、防寒手套、防毒手套、防静电手套、防高温手套、防X射线手套、防酸碱手套、防油手套、防振手套、防切割手套、绝缘手套。每类手套按照材料又能分为许多种。

防护手套的使用方法：

(1) 首先应了解不同种类手套的防护作用和使用要求，以便在作业时正确选择，切不可把一般场合用手套当作某些专用手套使用。如棉布手套、化纤手套等作为防振手套来用，效果很差。

(2) 在使用绝缘手套前，应先检查外观，如发现表面有孔洞、裂纹等应停止使用。

(3) 绝缘手套使用完毕后，按有关规定保存好，以防老化造成绝缘性能降低。使用一段时间后应复检，合格后方可使用。使用时要注意产品分类色标，像1kV手套为红色、7.5kV为白色、17kV为黄色。

(4) 在使用振动工具作业时，不能认为戴上防振手套就安全了。应注意工作中安排一定的时间休息，随着工具自身振频提高，可相应将休息时间延长。对于使用的各种振动工具，最好测出振动加速度，以便挑选合适的防振手套，取得较好的防护效果。

(5) 在某些场合下，所有手套大小应合适，避免手套指过长，被机械绞或卷住，使手部受伤。

(6) 对于操作高速回转机械作业时，可使用防振手套。某些维护设备和注油作业时，应使用防油手套，以避免油类对手的侵害。

(7) 不同种类手套有其特定用途的性能，在实际工作时一定结合作业情况来正确使用和区分，以保护手部安全。

6. 足部防护用品

足部防护用品是指防止作业人员足部受到物体的砸伤、刺割、灼烫、冻伤、化学性酸碱灼伤和触电等伤害的护具，又称为劳动防护鞋即劳保鞋（靴）。常用的防护鞋内衬为钢包头，柔性不锈钢鞋底，具有耐静压及抗冲击性能，防刺，防砸，内有橡胶及弹性体支撑，穿着舒适，保护足部的同时不影响日常劳动操作。

按功能分为防尘鞋、防水鞋、防寒鞋、防足趾鞋、防静电鞋、防酸碱鞋、防油鞋、防烫脚鞋、防滑鞋、防刺穿鞋、电绝缘鞋、防振鞋等十三类。

(1) 足部防护用品的使用方法。作业人员应根据实际工作和工况环境选择合适的防护鞋。如在存在酸、碱腐蚀性物质的环境中作业，需穿着耐酸碱的胶靴；在有易燃易爆气体的环境中作业，须穿着防静电鞋等。

使用前，要检查防护鞋是否完好，鞋底、鞋帮处有无开裂，出现破损后不得再使用。如使用绝缘鞋，应检查其电绝缘性，不符合规定的不能使用。

防护鞋应在进入工作环境前穿好。

对非化学防护鞋，在使用过程中应避免接触到腐蚀性化学物质，一旦接触应及时清除。

(2) 足部防护用品的使用注意事项。

1) 防护鞋应定期进行更换。

2) 勿随意修改安全鞋的构造，以免影响其防护性能。

3) 经常清理鞋底，避免积聚污垢物，特别是绝缘安全鞋，鞋底的导电性或防静电效能会受到鞋底污垢物的影响较大。

4) 防护鞋应定期进行更换。使用后清洁干净，放置于通风干燥处，避免阳光直射、雨淋和受潮，不得与酸、碱、油和腐蚀性物品存放在一起。

7. 躯干防护用品

（1）躯干防护用品就是指防护服。防护服是替代或穿在个人衣服外，用于防止一种或多种危害的服装，是安全作业的重要防护部分，是用于隔离人体与外部环境的一个屏障。根据外部有害物质性质的不同，防护服的防护性能、材料、结构等也会有所不同。

我国防护服按用途分为：①一般作业工作服，用棉布或化纤织物制作而成，适用于没有特殊要求的一般作业场所；②特殊作业工作服，包括隔热服、防辐射服、防寒服、防酸服、抗油拒水服、防化学污染服、防X射线服、防微波服、中子辐射防护服、紫外线防护服、屏蔽服、防静电服、阻燃服、焊接服、防砸服、防尘服、防水服、医用防护服、高可视性警示服、消防服等。

（2）躯干防护用品的使用方法。作业人员应根据实际工作和工况环境选择合适的防护服。如在低温环境工作，应穿着防寒服，道路作业须穿着反光服等。防护服在使用前须检查其功能与待工作环境是否相符，检查是否有破损，确认完好后方可使用。进入工作环境前应先穿着好防护服，在工作过程中不得随意脱下。

1）化学品防护服的使用方法。由于许多抗油拒水防护服和化学品防护服的面料采用的是后整理技术，即在表面加入了整理剂，一般须经高温才能发挥作用。因此，在穿用这类服装时，要根据制造商提供的说明书，经高温处理后再穿用。

脱卸化学品防护服时，宜使内面翻外，减少污染物的扩散，且宜最后脱卸呼吸防护用品。

化学品防护服被化学物质持续污染时，应在规定的防护性能（标准透过时间）内更换。有限次数使用的化学品防护服已被污染时，应弃用。

受污染的化学品防护服应及时洗消，以免影响化学品防护服的防护性能。

严格按照产品使用与维护说明书的要求维护防护服，修理后的化学品防护服应满足相关标准的技术性能要求。

2）静电工作服的使用方法。凡是在正常情况下，爆炸性气体混合物连续地、短时间频繁地出现或长时间存在的场所，及爆炸性气体混合物有可能出现的场所，可燃物的最小点燃能量在 0.25mJ 以下时，应穿防静电服。

由于摩擦会产生静电，因此在火灾爆炸危险场所禁止穿、脱防静电服。

为了防止尖端放电，在火灾爆炸危险场所禁止在防静电服上附加或佩戴任何金属物件。

对于导电型的防护服，为了保持良好的电气连接性，外层服装应完全遮盖住内层服装。分体式上衣应足以盖住裤腰，弯腰时不应露出裤腰，同时应保证服装与接地体的良好连接。

在火灾爆炸危险场所穿防静电服时，必须与《足部防护 安全鞋》（GB 21148—2020）中规定的防静电鞋配套穿用。

防静电服应保持清洁，保持防静电性能，使用后用软毛刷、软布蘸中性洗涤剂刷洗，不可损伤服装材料纤维。

穿用一段时间后，应对防静电服进行检验，若防静电性能不能符合标准要求，则不能再使用。

3）防水服的使用方法。防水服的用料主要是橡胶，使用时应严禁接触各种油类（包括机油、汽油等）、有机溶剂、酸、碱等物质。

8. 坠落防护用品

(1) 坠落防护用品的定义和分类。坠落防护服器是指用于防止坠落事故发生的防护用品，主要有安全带、安全绳和安全网。安全带主要用于高处作业的防护用品，由带子、绳子和金属配件组成。安全绳是在安全带中连接系带与挂点的辅助用绳。一般与缓冲器配合使用，起扩大或限制佩戴者活动范围、吸收冲击能量的作用。使用时，必须满足作业要求的长度和达到国家规定的拉力强度。安全网在高空进行建筑施工或设备安装时，在其下或其侧设置的起保护作用的网。

(2) 坠落防护用品的特点和使用方法。进行排水管道有限空间作业，应使用全身式安全带。全身式安全带由织带、带扣和其他金属部件组合而成，与挂点等固定装置配合使用。其主要作用是防止高处作业人员发生坠落或发生坠落后将作业人员安全悬挂，是一种可在坠落时保持坠落者正常体位，防止坠落者从安全带内滑脱，还能将冲击力平均分散到整个躯干部分，减少对坠落者下背部伤害的安全带，如图4.3所示。

(3) 使用安全带的规定。

1）凡进入生产工作场所，在距地面2m及以上的工作都应视作高处作业。

2）凡在没有脚手架或者没有栏杆的脚手架上的高处作业，必须使用安全带或采取其他可靠的安全措施。

图4.3 全身式安全带

3）凡在架构、杆塔、筒仓、设备顶等其他高处作业而又有换位的工作，不但应使用安全带还应使用安全绳。

4）安全带及安全绳不得用于吊送工具材料或其他工作用具。

(4) 安全带的日常管理规定。

1）安全带应在每次使用前都应进行外观检查。

2）对使用中的安全带每周进行1次外观检查。

3）安全带每年要进行1次静负荷重试验。

4）安全带每次受力后，必须做详细的外观检查和静负荷重试验，不合格的不得继续使用。

5）安全带上的各种部件不得任意拆掉，更换新绳时要注意加绳套。

6）使用频繁的绳，要经常做外观检查，发现异常时，应立即更换新绳。安全带使用期定为2～3年，发现异常，应提前报废。

7）安全带使用2年后，按批量购入情况，抽验1次，围杆带做静负荷试验，无破断可继续使用。悬挂安全带冲击试验时，以80kg重量自由坠落试验，若不破裂，该批安全带可以继续使用，对抽试过的样带，必须更换安全绳后，才能继续使用。

(5) 安全带的正确使用方法。

1) 安全带应系在腰下面、臀部上面的胯部位。

2) 安全带的小皮带系紧，这样在高处作业时，腰部不易受伤。

3) 安全带要高挂低用，使用 3m 以上长绳应加装缓冲器，自锁钩用吊绳例外。

4) 系挂安全带扣点应在自己位置正上方，防止发生"钟摆效应"。

5) 使用中的安全带及后备绳应挂在结实牢固的构件上，并要确保挂钩锁扣必须在锁好位置，安全绳预留 150～200mm 长度，防止坠落高度过大（坠落高度过大将产生 3 倍于人体重量的弹力、冲击力，会对人体造成伤害）。

6) 安全绳要系在同一作业面上，禁止挂在移动及带尖锐角不牢固的物件上。

7) 由于作业的需要，安全绳超过 3m 应加装缓冲器，这样一旦发生高处坠落，能减少 1/4 的冲击力，或者采用自锁加速差式自控器可以使坠落冲击距离限制在 1.5m 以内。

8) 缓冲器、速差式装置和自锁钩可以串联使用。

9) 不准将绳打结使用，也不准将钩直接挂在安全绳上使用，应挂在连接环上用。

(6) 以下不正确使用安全带的行为都应视为违章。

1) 双控安全带系在腰部。

2) 在高空作业时，只使用安全带，不使用安全绳。

3) 在作业转移时，为图方便，安全带及安全绳都不使用。

4) 安全带低挂高用。

5) 为图转移方便，安全绳过长。

(7) 安全带使用相关解释及图例。

1) 什么是"高挂低用"？安全带的高挂低用：就是作业者把安全带系挂在高处，自己处于低位工作。这样可以使有坠落发生时的实际冲击距离减小，对腰部的伤害也会相应减轻；与之相反的是低挂高用，会造成实际冲击的距离会加大，人的腰部和安全绳都要受到较大的冲击负荷，带来危险。安全带使用方法如图 4.4 所示。

2) 什么是"钟摆效应"？如果你系挂安全带时，扣点不是自己位置正上方的话，发生坠落时将在空中出现摆动现象，并有可能撞到其他物体而造成伤害。所以扣挂时一定要选择好扣点，以避免发生这种"钟摆效应"，如图 4.5 所示。

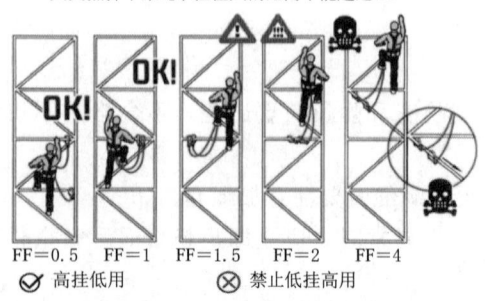

图 4.4 安全带使用方法　　　　图 4.5 钟摆效应

3)请避免错误使用安全带(图4.6),不能把挂钩扣在可以活动的物件上;不能把安全绳拖在地上走;不能把安全带系在物件的开口处(自由端);不能把挂钩扣搭在物件的边缘等。必须要扣挂在相对位置封闭,并且牢固可靠、不松动的地方。

图4.6 安全带错误使用方法

4)哪些作业场所要用全身式安全带?具体说来,这些场合主要有:摘钩、挂钩作业;护栏外临时作业;搭、拆架作业;特技高处作业;降低护栏进行溜放物件;吊笼吊桥作业;高架车作业;悬挂脚手架上作业。使用全身式安全带的主要作业场所如图4.7所示。

①摘钩、挂钩作业　②护栏外临时作业　③搭、拆架作业　④特级高处作业
⑤降低护栏进行溜放物件　⑥吊笼吊桥作业　⑦高架车作业　⑧悬挂脚手架上作业

图4.7 使用全身式安全带的主要作业场所

其他需要使用全身式安全带的场所则由安全主管根据现场情况确定。

使用全身式安全带时,不能要挂钩钩在可以活动的物件上,更不能搭在物件的边缘,必须要扣挂在相对位置封闭,并且牢固可靠、不松动的地方。只有这样,才能做到正确使用才能使安全带真正起到安全作用。

4.1.2 带水作业安全知识

4.1.2.1 带水作业的危害

带水作业主要存在人员溺水和人员触电风险。溺水是由于人淹没于水中，呼吸道被水、污泥、杂草等杂质堵塞或喉头、气管发生反射性痉挛引起窒息和缺氧，也称为淹溺。淹没于水中以后，本能地出现反应性屏气，避免水进入呼吸道。由于缺氧，不能坚持屏气，被迫进行深吸气而极易使大量水进入呼吸道和肺泡，阻滞了气体交换，引起严重缺氧高碳酸血症（指血中二氧化碳浓度增加）和代谢性酸中毒。呼吸道内的水迅速经肺泡吸收到血液内。由于淹溺时水的成分不同，引起的病变也有所不同。淹溺还可引起反射性喉头、气管、支气管痉挛；水中污染物、杂草等堵塞呼吸道可发生窒息。

4.1.2.2 溺水的救援知识

坠落溺水事故发生时，应遵守如下原则进行抢救。

1. 施救坠落溺水者上岸

营救人员向坠落溺水者抛投救生物品。

如坠落溺水者距离作业点、船舶不远，营救人员可向坠落溺水者抛投结实的绳索和递以硬性木条、竹竿将其拉起。

为排水性较好的人员携带救生物品（营救人员必须确认自身处在安全状态下）下水营救，营救时营救人员必须注意从溺水者背后靠近，抱住溺水者将其头部托出水面游至岸边。

2. 溺水者上岸后的应急处理

寻找医疗救护。求助于附近的医生、护士或打120电话，通知救护车尽快送医院治疗。

注意溺水者全身受伤情况，有无休克及其他颅脑、内脏等合并伤。急救时应根据伤情抓住主要矛盾，首先抢救生命，着重预防和治疗休克。

等待医护人员时，应对不能自主呼吸、出血或休克的伤者先进行急救，将溺水人员吸入的水空出后要及时进行人工呼吸，同时进行止血包扎等。

当怀疑有骨折时，不要轻易移动伤者。骨折部位可以用夹板或方便器材做临时包扎固定。

搬运伤员是一个非常重要的环节。如果搬运不当，可使伤情加重，方法视伤情而定。如伤员伤势不重，会采用扛、背、抱、扶的方法将伤员运走。如果伤员有大出血或休克等情况，一定要把伤员小心地放在担架上抬送。如果伤员有骨折情况，一定要用木板做的硬担架抬运。让其平卧，腰部垫上衣服垫，再用三四根皮带将其固定在木板做的硬担架上，以免在搬运中滚动或跌落。

3. 现场施救

在医务员的指挥下，工作人员将伤员搬运至安全地带并开展自救工作。及时联络医院，将伤员送往医院检查、救护。

4.1.3 带电作业安全知识

低压是指电压在250V及以下的电压。低压带电作业是指在不停电的低压设备或低压线路上的工作。对于一些可以不停电的工作，没有偶然触及带电部分的危险工作，或作业人员使用绝缘辅助安全用具直接接触带电体及在带电设备外壳上的工作，均可进行低压带电作业。虽然低压带电作业的对地电压不超过250V，但不能将此电压理解为安全电压，实际上交流220V电源的触电对人身的危害是严重的，特别是低压带电作业很普遍。为防止低压带电作业对人身产生触电伤害，作业人员应严格遵守低压带电作业的有关规定和注意事项。

4.1.3.1　低压设备带电作业安全规定

（1）在带电的低压设备上工作，应使用有绝缘柄的工具，工作时应站在干燥的绝缘垫、绝缘站台或其他绝缘物上，严禁使用锉刀、金属尺和带有金属物的毛刷、毛掸等工具。使用有绝缘柄的工具，可以防止人体直接接触带电体；站在绝缘垫上工作，人体即使触及带电体，也不会受到触电伤害。低压带电作业时使用金属工具，可能引起相间短路或对地短路事故。

（2）在带电的低压设备上工作时，作业人员应穿长袖工作服，并戴手套和安全帽。戴手套可以防止作业时手触及带电体；戴安全帽可以防止作业过程中头部同时触及带电体及接地的金属盘架，造成头部接近短路或头部碰伤；穿长袖工作服可防止手臂同时触及带电和接地体引起短路和烧伤事故。

（3）在带电的低压盘上工作时，应采取防止相间短路和单相接地短路的绝缘隔离措施。在带电的低压盘上工作时，为防止人体或作业工具同时触及两相带电体或一相带电体与接地体，在作业前，将相与相间或相与地（盘构架）间用绝缘板隔离，以免作业过程中发生短路事故。

（4）严禁雷、雨、雪天气及六级以上大风天气时在户外带电作业，也不应在雷雨天气时进行室内带电作业。雷电天气时，电力系统容易引起雷电过电压，危及作业人员的安全，不应进行室内外带电作业；雨雪天气时，气候潮湿，不宜带电作业。

（5）在潮湿和潮气过大的室内，禁止带电作业；工作位置过于狭窄时，禁止带电作业。

（6）低压带电作业时，必须有专人监护。带电作业时，作业场地、空间狭小，带电体之间、带电体与地之间绝缘距离小，或作业时的错误动作，均可能引起触电事故。因此，带电作业时，必须有专人监护；监护人应始终在工作现场，并对作业人员进行认真监护，随时纠正其不正确的动作。

4.1.3.2　低压带电作业注意事项

（1）带电作业人员必须经过培训并考试合格，工作时不少于2人。

（2）严禁穿背心、短裤、拖鞋带电作业。

（3）带电作业使用的工具应合格，绝缘工具应试验合格。

（4）低压带电作业时，人体对地必须保持可靠的绝缘。

（5）在低压配电盘上工作，必须装设防止短路事故发生的隔离措施。

（6）只能在作业人员的一侧带电，若其他还有带电部分而又无法采取安全措施，则必须将其他侧电源切断。

（7）带电作业时，若已接触一相相线，要特别注意不要再接触其他相线或地线（或接地部分）。

(8) 带电作业时间不宜过长。

4.2 操 作 规 程

4.2.1 安全管理制度

4.2.1.1 安全生产规章制度的建立健全

1. 安全生产规章制度的编制

安全生产规章制度是指企业依据国家有关法律法规、国家标准和行业标准，结合生产经营的安全生产实际，以企业名义颁发的有关安全生产的规范性文件。一般包括规程、标准、规定、措施、办法、制度、指导意见等。

(1) 主要依据。安全生产规章制度以安全生产法律法规、标准规范、危险有害因素的辨识结果、相关事故教训和国内外先进的安全管理方法为依据。

(2) 编制计划。安全生产规章制度编制计划内容包括制度的名称、编制目的、主要内容、责任部门、进度安排。

(3) 编制流程。安全生产规章制度编制流程包括起草、会签、审核、签发、发布5个步骤。制度发布后，组织相关人员学习、培训、考试，让每位职工都熟悉本企业的安全生产规章制度。

(4) 编制注意事项。安全生产规章制度编制应做到目的明确、责任落实、流程清晰、标准明确，编制过程中应注意下列几点：

1) 与国家安全生产法律法规、标准规范保持协调一致，有利于国家安全生产法律法规、标准规范的贯彻落实。

2) 广泛吸收国内外安全生产管理的经验，并密切结合自身的实际情况。

3) 覆盖安全生产的各个方面，形成体系，不出现死角和漏洞。

2. 安全生产规章制度体系的建立

泵站运行管理施工企业安全生产规则制度至少应包括下列内容：

(1) 安全生产目标管理制度。

(2) 安全生产责任制度。

(3) 安全生产考核奖惩制度。

(4) 安全生产费用管理制度。

(5) 意外伤害保险管理制度。

(6) 安全技术措施审查制度。

(7) 用工管理、安全生产教育培训制度。

(8) 安全防护用品、设施管理制度。

(9) 生产设备、设施安全管理制度。

(10) 分包（供）方管理制度。

(11) 安全作业管理制度。

(12) 安全生产事故隐患排查治理制度。

(13) 危险物品和重大危险源管理制度。
(14) 安全例会、技术交底制度。
(15) 危险性较大的单项工程管理制度。
(16) 文明施工、环境保护制度。
(17) 消防安全、社会治安管理制度。
(18) 职业卫生、健康管理制度。
(19) 应急管理制度。
(20) 事故管理制度。
(21) 安全生产档案管理制度等。

4.2.1.2 安全生产责任制

1. 建立安全生产责任

建筑施工企业建立安全生产责任制的同时，要结合实际建立健全各项配套制度，特别要注意发挥工会的监督作用，以保证安全生产责任制得到真正落实。施工企业建立安全生产监督检查制度，通过安全生产监督检查工作来确保安全生产责任制的落实；对于违反安全管理制度的，建立奖惩处罚制度，如安全生产奖惩制度、"三违"处罚办法等；对于发生生产安全事故的，要建立事故责任追究制度，如生产安全事故问责制度等。

2. 明确员工安全生产责任

(1) 主要负责人的安全生产职责。建筑施工企业主要负责人主要有下列安全职责：

1) 贯彻执行国家法律、法规、规章、制度和标准，建立健全安全生产责任制，组织制定安全生产管理制度、操作规程、安全生产目标计划、生产安全事故应急救援预案。

2) 保证安全生产费用的足额投入和有效使用。

3) 组织制定并实施本单位安全生产教育和培训计划，依法为从业人员办理保险。

4) 组织编制、落实安全技术措施和专项施工方案。

5) 组织危险性较大的单项工程、重大事故隐患治理和特种设备验收。

6) 组织事故应急救援演练。

7) 组织安全生产检查，制定隐患整改措施并监督落实。

8) 及时、如实报告生产安全事故组织生产安全事故现场保护与抢救工作，组织、配合事故的调查等。

(2) 项目负责人的安全生产职责。给排水施工企业项目负责人是施工现场安全生产的第一责任人，对施工现场的安全生产全面领导。主要有下列安全生产职责：

1) 依据项目规模特点，建立安全生产管理体系，制定本项目安全生产管理具体办法和要求，按有关规定配备专职安全管理人员，落实安全生产管理责任，并组织监督、检查安全管理工作实施情况。

2) 组织制定具体的施工现场安全施工费用计划，确保安全生产费用的有效使用。

3) 负责组织项目主管、安全副经理、总工程师、安全管理人员落实施工组织设计、施工方案及其安全技术措施，监督单元工程施工中安全施工措施的实施。

4) 项目开工前，对施工现场形象进行规划、管理，达到安全文明工地标准。

5) 负责组织对本项目全体人员进行安全生产法律、法规、规章制度以及安全防护知识与技能的培训教育。

6) 负责组织项目各专业人员进行危险源辨识，做好预防预控，制定文明安全施工计划并贯彻执行；负责组织安全生产和文明施工定期与不定期检查，评估安全管理绩效，研究分析并及时解决存在的问题；同时，接受上级机关对施工现场安全文明施工的检查，对检查中发现的事故隐患和提出的问题，定人、定时间、定措施予以整改，及时反馈整改意见，并采取预防措施避免重复发生。

7) 负责组织制定安全文明施工方面的奖惩制度，并组织实施。

8) 负责组织监督分包单位在其资质等级许可的范围内承揽业务，并根据有关规定以及合同约定对其实施安全管理。

9) 组织制定生产安全事故的应急救援预案。

10) 及时、如实报告生产安全事故，组织抢救，做好现场保护工作，积极配合有关部门调查事故原因，提出预防事故重复发生和防止事故危害扩延的措施。

(3) 专职安全管理人员安全生产职责。给排水施工企业专职安全管理人员主要有下列安全生产职责：

1) 组织或参与制定安全生产规章制度，操作规程和生产安全事故应急救援预案。

2) 协助施工单位主要负责人签订安全生产目标责任书，并进行考核。

3) 参与编制施工组织设计和专项施工方案，制定并监督落实重大危险源安全管理和重大事故隐患治理措施。

4) 协助项目负责人开展安全教育培训、考核。

5) 负责安全生产日常检查，建立安全生产管理台账。

6) 制止和纠正违章指挥、强令冒险作业、违反操作规程和劳动纪律的行为。

7) 编制安全生产费用使用计划并监督落实。

8) 参与或监督班前安全活动和安全技术交底。

9) 参与事故应急救援演练。

10) 参与安全设施设备、危险性较大的单项工程、重大事故隐患治理验收。

11) 及时报告生产安全事故，配合调查处理。

12) 负责安全生产管理资料收集、整理和归档等。

4.2.2 安全操作规程
4.2.2.1 水泵（干式泵）安全操作规程

1. 启动模式设置

(1) 自动模式。将控制面板水泵设置为自动模式，就地控制器钥匙拧到"远程"，水泵将根据设置的启动水位自动启动。

(2) 手动模式。将控制面板水泵设置为手动模式，就地控制器钥匙拧到"就地"，操作人员可在就地控制器手动启动。

(3) 水泵开启前应确认进、退水阀门开启、管路畅通。

2. 手动启动操作

(1) 首先确认进、退水阀完全开启（正常情况应保持开启状态，由于检修、维护等工作需要关闭时，在相关工作完成后应及时开启阀门），使泵体和吸水管线充满水。

（2）检查水泵、电机转动部位润滑油、润滑脂是否符合要求。

（3）确认水泵泄空阀关闭。

（4）钥匙拧到就地，就地开关拧到"开"，启动水泵。

3. 启动后检查

（1）检查三相电压、电流是否平衡，是否符合规定值。

（2）检查水泵出水口出水是否正常。

（3）检查水泵轴承、电机轴承的温升情况。水泵运转时，水泵轴承温度不得超过70℃（手触摸轴承盒外部，以不烫手为宜）。

（4）轴承槽内应清洁、无污物，排水管路通畅。

（5）检查水泵、电机的振动、声音情况有无异常。水泵运转时，无异响、无异常振动；各部位的螺栓无缺损、无松动。

4. 手动停机操作

（1）就地开关拧到"关"，停止水泵运转。

（2）检查控制柜各类指示灯状态变化是否正常。

（3）水泵停机时，不应有骤然停车现象。

注意：如果水泵用于备用，水泵进、退水阀应保持开启。电机在冷态时允许连续启动，但每小时连续启动次数不能超过4次。

4.2.2.2 水泵（潜水泵）安全操作规程

1. 启动模式设置

（1）自动模式。将控制面板水泵设置为自动模式，就地控制器钥匙拧到"远程"，水泵将根据设置的启动水位自动启动。

（2）手动模式。将控制面板水泵设置为手动模式，就地控制器钥匙拧到"就地"，操作人员可在就地控制器手动启动。

（3）水泵开启前应确认出水阀门开启、出水管路畅通（开启冲洗15mm转鼓格栅阀门时，应确保出水污水处理厂阀门关闭；开启出水污水处理厂阀门时，应确保冲洗15mm转鼓格栅阀门关闭）。

2. 手动启动操作

（1）首先确认出水阀门完全开启（正常情况应保持开启状态，由于检修、维护等工作需要关闭时，在相关工作完成后应及时开启阀门）。

（2）检查潜水泵的淹没深度，保证水位淹没潜水泵的电机部分。

（3）钥匙拧到就地，就地开关拧到"开"，启动水泵。

3. 启动后检查

（1）检查水泵、电机运转时有无异响、振动，检查水泵出水口出水是否正常。

（2）检查出水管路振动是否异常、各部位的固定支架、螺栓有无缺损、松动。

（3）如果水泵受堵，应立即停机，关闭两个出水阀门，开启反冲洗阀门进行冲洗。

4. 手动停机操作

（1）就地开关拧到"关"，停止水泵运转。

（2）检查控制柜各类指示灯状态变化是否正常。

4.2.2.3 机械格栅安全操作规程

1. 准备工作

(1) 检查栅条有无变形。

(2) 检查链条的张紧度。

(3) 检查栅前水体（进水口和提升泵房）中，悬浮物和漂浮物的数量。

(4) 观察耙齿是否被纤维状垃圾缠绕住，如有则需立即停机清理。

(5) 检查润滑情况。

(6) 检查设备是否正常供电，处于待机状态。

2. 启动程序

(1) 将现场控制调整为手动。

(2) 按下绿色按钮启动格栅。

3. 运行过程

(1) 观察格栅的运行，及时开启皮带输送机排渣。

(2) 开启螺旋压榨机，压缩处理栅渣。

(3) 观察耙齿是否被纤维状垃圾缠绕住，如有则需及时进行停机清理。

(4) 观察栅前水体漂浮物数量变化，当漂浮物极少或没有漂浮物，可停运格栅。

4. 停机过程

(1) 运行至格栅耙齿上无栅渣，停格栅机。

(2) 输送机上栅渣输送完后停输送机。

(3) 栅渣处理完后，停螺旋压榨机。

4.2.2.4 机械设备安全操作规程

(1) 特种设备安装、改造、维修完成后，应进行负荷试验（或性能检测）和验收；经有关特种设备检验检测机构检验合格后，方可投入使用。

(2) 设备运行前应进行全面检查确认，确保性能完好、设备运行区域无妨碍安全运行的障碍物。同一区域有两台以上设备运行可能发生碰撞时，应采取可靠的安全措施。

(3) 机械设备上的信号装置、防护装置、保险装置等安全装置应经常检查其灵敏性，保持齐全有效。

(4) 施工设备、机具传动与转动的裸露部分，如传动带、开式齿轮、电锯、砂轮、接近于行走面的联轴节、转轴、皮带轮和飞轮等必须安设拆装方便、网孔尺寸符合安全要求的封闭的钢防护网罩、防护挡板或防护栏杆等安全防护装置。

(5) 检查或修理机械、电气设备时，应停电挂标志牌，标志牌应谁挂谁取。检查确认无人后方可合闸。禁止机械在运转时加油、擦拭或修理。

(6) 设备操作人员应了解设备性能、主要技术参数，掌握操作技术和熟悉操作规程。

(7) 设备操作人员应认真执行岗位责任制，严格按照操作规程运行设备，不带病运行、不超负荷运行、不违章操作。

(8) 非特种设备操作人员，不安装、维修和动用特种设备。

(9) 非电气作业人员不得操作电气设备。

(10) 使用手持电动工具时，应有良好的接零保护等安全措施，应戴绝缘手套。

(11) 按规定进行现场监视或巡视，检查设备运行状况以及进行必要的检测；按时、按要求做好设备的日常保养；及时、准确填写设备运行记录和交接班记录。

(12) 当设备出现故障或发生异常，应及时报告；当事故隐患直接危及人身安全时，应立即停止作业，并采取可能的应急措施。严禁设备在故障状态下运行。

(13) 机械的运转部分及导轨面上等部位不得放置各种物品，设备运转中不得调整安全防护装置，不得给转动部位加润滑油，操作者离开岗位时，应停机、停电。

(14) 不在运行的机械设备上行走或坐立。

(15) 根据设备性能及安全状况对设备进行维修、保养，维修结束后应组织验收，合格后方可投入使用，并做好维修保养记录。

4.2.2.5 起重机安全操作规程

1. 施工前的准备

(1) 起重工上岗前需要进行安全培训，并经考试合格后取得操作证，方能参加起重操作。

(2) 工作前必须戴好安全帽等劳保用品。严格检查各种设备、工具和索具是否完好可靠。不允许超负荷使用，麻绳不允许用于机械传动。

(3) 现场动力设备必须保证接地可靠、绝缘良好，移动灯具必须使用安全电压。

(4) 起重区域周围应设有警戒线，严禁非工作人员通行。遇 6 级以上大风时，严禁进行露天起重吊装。

(5) 待起吊的工作物件，应先检查捆绑是否牢固，绳索经过有棱角处应加设垫衬，然后试吊离地面 0.5m 时暂停起吊，经检查确认稳妥、可靠后方能起吊。

2. 龙门式起重机安全操作规程

(1) 一般规定。

1) 开车前应认真检查起重机的机械部分、电气部分和防护保险装置是否完好、可靠。如果控制器、制动器、限位器、紧急开关和电铃等主要附件失灵，严禁吊重。

2) 如操作者看不清指挥手势时，应设中转助手，准确传递信号。多人操作要指定专人负责指挥，统一信号，严格听从总指挥命令或信号。对任何人发出的紧急停车信号，都应立即停车。

3) 司机必须在确认指挥信号后方能操作，开车前应先鸣铃。

4) 工作中的起重机，当接近卷扬限位器、大小车临近终端或与邻近行车相遇时，速度要减缓。禁止用倒车代替制动、紧急开关代替普通开关或限位器代替停车开关。

5) 工作人员应在规定的安全走道、专用站台或扶梯上行走和上下。若非检修，大车轨道两侧不准行走。小车轨道上严禁行走。禁止从一台起重机跨越到另一台起重机。

6) 吊运物料时，必须保证摆平、放稳并装牢，防止掉落。

7) 吊运物件离地不得过高。运行中，地面有人或落放吊物时应鸣铃警告。严禁吊物在人头上越过。工作停歇时，不得将起重物悬在空中停留。

8) 不准在运行时进行检修和调整。

9) 起重机在检修时，应停靠在安全地点，切断电源，挂上"维修中禁止合闸"的警示牌。地面要设围栏，并挂"维修中禁止通行"的标志。

10) 重吨位物件起吊时，应先稍微离地试吊，确认吊挂平稳、制动良好后，然后升高，缓慢运行。不准同时操作 3 只控制手柄。

11）起重机运行时，严禁有人上下。

12）运行中发生突然停电，必须将开关手柄放置"0"位。起吊件未放下或锁具未脱钩，不准离开驾驶室。

13）运行时由于突然故障而引起吊件下滑时，必须采取紧急措施，向无人处降落。

14）露天起重机遇有风暴、雷击或 6 级以上大风时应停止工作，切断电源，车轮前后应塞垫块卡牢。

15）夜间作业应有充足的照明。

16）起重机行驶时还应注意轨道上有无障碍物，吊运高大物件妨碍视线时，应设专人监视和指挥。

17）工作完毕时，起重机应停在规定位置，升起吊钩，小车开到轨道两端，并将控制手柄放置"0"位，切断电源。

（2）司机必须认真做到"十不吊"。

1）超过额定负荷不吊。

2）指挥信号不明，重量不明，光线暗淡不吊。

3）吊绳和附件捆绑不牢，不符合安全规则不吊。

4）桥吊吊挂重物直接进行加工的不吊。

5）歪拉斜挂不吊。

6）工件上站人或工件上浮放着有活动物不吊。

7）氧气瓶、乙炔发生器等具有爆炸性物品不吊。

8）带棱角缺口未垫好不吊。

9）埋在地下的物件不吊。

10）液态或流体盛装过满不吊。

4.2.3 应急救援预案

4.2.3.1 安全生产应急预案的基本知识

1. 应急管理的相关概念

突发公共事件：是指造成或者可能造成重大的人员伤亡、财产损失、生态环境破坏和其他严重危害，影响、威胁局部区域或者全国经济社会稳定和政治安定的，需要由政府组织动员社会各方力量应对的突发事件。突发公共事件一般包括自然或者人为因素引发的自然灾害、事故灾难、公共卫生和社会安全事件等类型。

应急预案：针对可能发生的突发公共事件，为迅速、有效、有序地开展应急行动，而预先制定的方案。用以明确事前、事发、事中、事后的各个进程中，谁来做，怎样做，何时做以及相应的资源和策略等。

应急管理：是指政府、部门、单位等组织为有效地预防、预测突发公共事件的发生，最大限度减少其可能造成的损失或者负面影响，所进行的制定应急法律法规、应急预案以及建立健全应急体制和应急处置等方面工作的统称。

应急准备：针对可能发生的事故，为迅速、有序地开展应急行动而预先进行的组织准备和应急保障。

应急救援：在应急响应过程中，为消除、减少事故危害，防止事故扩大或恶化，最大限度地降低事故造成的损失或危害而采取的救援措施或行动。

一案三制：是指为应对突发公共事件所制订的应急预案和建立健全应急体制、应急机制、相关法律制度的简称。

恢复：事故的影响得到初步控制后，为使生产、工作、生活和生态环境尽快恢复到正常状态而采取的措施或行动。

应急保障：为保障应急处置的顺利进行而采取的各项保证措施。一般按功能分为人力、财力、物资、交通运输、医疗卫生、治安维护、人员防护、通信与信息、公共设施、社会沟通、技术支撑及其他保障。

2. 应急管理的内涵

应急管理是一个动态的过程，包括预防、准备、响应和恢复四个阶段。在实际情况中，这些阶段往往是交叉的，但每一阶段都有自己明确的目标，并且成为下个阶段内容的一部分。预防、准备、响应和恢复相互关联，构成了应急管理的循环过程。应急管理的阶段如图4.8所示。

在应急管理中，预防有两层含义：第一层是事故的预防工作，即通过安全管理和安全技术等手段，尽可能地防止事故的发生，实现本质安全化；第二层是在假定事故必然发生的前提下，通过预先采取的预防措施，达到降低或减缓事故的影响或后果严重程度。给排水工程建设参建各方应高度重视事故预防工作，防患于未然。预防阶段主要工作内容为：危险源辨识、风险评价、风险控制。

图4.8 应急管理的阶段

准备的目标是保障事故应急救援所需的应急能力，准备阶段的主要工作内容为：编制应急预案、建立预警系统、进行应急培训和应急演练、与政府部门及社会救援组织签订应急互助协议等。

3. 应急预案的分类

应急预案可分为综合应急预案、专项应急预案和现场处置方案3个层次。

综合应急预案是应急预案体系的总纲，主要从总体上阐述事故的应急工作原则，包括应急组织机构及职责、应急预案体系、事故风险描述、预警及信息报告、应急响应、保障措施、应急预案管理等内容。

专项应急预案是为应对某一类型或某几种类型事故，或者针对重要生产设施、重大危险源、重大活动等内容而制定的应急预案。专项应急预案主要包括事故风险分析、应急指挥机构及职责、处置程序和措施等内容。

现场处置方案是根据不同事故类别，针对具体的场所、装置或设施所制定的应急处置措施，主要包括事故风险分析、应急工作职责、应急处置和注意事项等内容。工程建设参建各方应根据风险评估、岗位操作规程以及危险性控制措施，组织本单位现场作业人员及相关专业人员共同进行编制现场处置方案。

4.2.3.2 应急预案的基本要素

应急预案是针对各级可能发生的事故和所有危险源制定的应急方案，必须考虑事前、事发、事中、事后的各个过程中相关部门和有关人员的职责，物资与装备的储备或配置等各方面需要。一个完善的应急预案按相应的过程可分为六个一级关键要素，包括：方针与原则、应急策划、应急准备、应急响应、现场恢复、预案管理与评审改进。其中，应急策划、应急准备和应急响应三个一级关键要素可进一步划分成若干二级小的要素，所有这些要素即构成了应急预案的核心要素。

1. 方针与原则

反映应急救援工作的优先方向、政策、范围和总体目标（如保护人员安全优先，防止和控制事故蔓延优先，保护环境优先），体现预防为主、常备不懈、统一指挥、高效协调以及持续改进的思想。

2. 应急策划

应急策划就是依法编制应急预案，满足应急预案的针对性、科学性、实用性与可操作性的要求。主要任务如下：

（1）危险分析：目的是为应急准备、应急响应和减灾措施提供决策和指导依据，包括危险识别、脆弱性分析和风险分析。

（2）资源分析：针对危险分析所确定的主要危险，列出可用的应急力量和资源。

（3）法律法规要求：列出国家、省、地方涉及应急各部门职责要求以及应急预案、应急准备和应急救援有关的法律法规文件，作为预案编制和应急救援的依据和授权。

3. 应急准备

应急准备是根据应急策划的结果，主要针对可能发生的应急事件，做好各项准备工作，具体包括：组织机构与职责、应急队伍的建设、应急人员的培训、应急物资的储备、应急装备的配置、信息网络的建立、应急预案的演练、公众知识的培训、签订必要的互助协议等。

4. 应急响应

应急响应是在事故险情、事故发生状态下，在对事故情况进行分析评估的基础上，有关组织或人员按照应急救援预案所采取的应急救援行动。主要任务包括：接警与通知、指挥与控制、警报和紧急公告、通信、事态监测与评估、警戒与治安、人群疏散与安置、医疗与卫生、公共关系、应急人员安全、消防和抢险、泄漏物控制等。

5. 现场恢复（短期恢复）

现场恢复包括宣布应急结束的程序；撤点、撤离和交接程序；恢复正常状态的程序；现场清理和受影响区域的连续检测；事故调查与后果评价等。目的是控制此时仍存在的潜在危险，将现场恢复到一个基本稳定的状态，为长期恢复提供指导和建议。

6. 预案管理与评审改进

包括对预案的制定、修改、更新、批准和发布做出管理规定，并保证定期或在应急演习、应急救援后对应急预案进行评审，针对实际情况的变化以及预案中所暴露出的缺陷，不断地更新、完善和改进应急预案文件体系。

4.3 安全培训与安全交底

4.3.1 安全培训

安全培训是生产经营单位安全生产工作的重要内容，也是提高员工安全素质、减少违章、预防安全事故和职业危害的重要手段。安全培训的要求是使全体员工熟悉有关安全生产规章制度和操作规程,具备必要的安全生产知识和安全意识,掌握本岗位的安全操作技能,增强预防事故、控制职业危害和应急处理的能力。

4.3.1.1 安全培训形式及要求

安全培训由生产经营单位组织实施,采用理论学习与实际操作相结合的形式开展。生产经营单位应当进行安全培训的从业人员包括主要负责人、安全生产管理人员、特种作业人员和其他从业人员。

派遣劳动者也须进行岗位安全操作规程和安全操作技能的教育和培训。单位接收中等职业学校、高等学校学生实习的,应当对实习学生进行相应的安全生产教育和培训,提供必要的劳动防护用品。

新入职的从业人员上岗前需接受不少于24学时的安全生产教育和培训;单位主要负责人、安全生产管理人员、从业人员每年还应接受不少于8学时的在岗安全生产教育和培训;若存在换岗或离岗6个月以上再次回到原岗位的,上岗前应接受不少于4学时的安全生产教育和培训;若单位采用了新工艺、新技术、新设备,则相关人员在使用这些新工艺、新技术、新设备前,应接受相应的安全知识教育培训,培训不少于4学时。

4.3.1.2 各类人员安全培训要求

1. 安全生产管理人员教育培训

生产经营单位主要负责人和安全生产管理人员作为本单位安全生产第一责任人和安全监管主要责任人员,其安全生产知识和管理能力合格与否,将直接影响本单位安全生产管理工作能否有序进行以及安全生产工作的水平。按照"管生产必须管安全"原则,上述人员必须具备与本单位所从事的管理活动相适应的安全生产知识和管理能力。

(1) 生产经营单位主要负责人安全培训一般包括以下内容:

1) 国家安全生产方针、政策和有关安全生产的法律、法规、规章及标准。

2) 安全生产管理基本知识、安全生产技术、安全生产专业知识。

3) 重大危险源管理、重大事故防范、应急管理和救援组织以及事故调查处理的有关规定。

4) 职业危害及其预防措施。

5) 国内外先进的安全生产管理经验。

6) 典型事故和应急救援案例分析。

7) 其他需要培训的内容。

(2) 生产经营单位安全生产管理人员安全培训应当包括以下内容:

1) 国家安全生产方针、政策和有关安全生产的法律、法规、规章及标准。

2) 安全生产管理、安全生产技术、职业卫生等知识。

3) 伤亡事故统计、报告及职业危害的调查处理方法。

4) 应急管理、应急预案编制以及应急处置的内容和要求。

5) 国内外先进的安全生产管理经验。

6) 典型事故和应急救援案例分析。

7) 其他需要培训的内容。

2. 操作岗位人员教育培训

（1）员工上岗前的安全教育培训。员工上岗前应进行三级安全教育培训，该培训是每个新进员工必须接受的首次安全生产方面的基本教育。三级一般是指单位、部门、班组。由于单位的性质、内部组织结构的不同，三级安全教育培训的名称可以不同，但必须要确保这三个层次安全教育培训工作的到位，因为三个层次的安全教育培训内容，体现了单位安全教育培训有分工、抓重点的特点。

单位级安全教育培训是指新员工在分配到工作岗位之前，由单位的安全生产部门进行初步的安全教育培训。教育培训内容包括本单位安全生产情况及安全生产基本知识，安全生产规章制度和劳动纪律，从业人员的安全生产权利和义务，有关事故案例等。

部门级安全教育培训是指新员工从单位分配到部门后，再由部门进行安全教育培训。教育培训内容包括工作环境及危险因素，岗位可能遭受的职业伤害和伤亡事故，安全职责、操作技能及强制性标准，预防事故和职业危害的措施及应注意的安全事项等。

班组级安全教育培训是指新员工进入工作岗位以前的教育培训，一般采用"以老带新"或"师徒包教包学"的方法。教育培训内容包括岗位安全操作规程、岗位之间工作衔接配合的安全与职业卫生事项，有关事故案例等。

对新员工的三级安全教育培训情况，要建立档案，为加深对三级安全教育培训的感性认识和理性认识，新员工工作一段时间后，必须还要进行安全继续教育培训。教育培训内容可以从原先的三级安全教育培训的内容中有重点地选择，并进行考核，不合格者不得上岗工作。

（2）转岗或离岗6个月以上重新上岗安全教育培训。员工从原来工作岗位转入另一个工作岗位时必须进行转岗安全教育培训。转岗安全教育培训内容有：

1）新工作岗位安全生产状况及条件。

2）新工作岗位中危险部位的防护措施及典型事故案例。

3）新工作岗位的安全管理体系、规定及制度。

（3）"五新"投入前安全教育培训。新工艺、新技术、新材料、新装备、新流程投入使用前应对有关管理、操作人员进行专门的安全技术和操作技能培训。该培训可由单位自己进行，也可请"五新"的提供单位就使用前的安全事项进行培训。

3. 特种作业人员培训内容

生产经营单位特种作业人员安全培训应当包括熟悉有关安全生产规章制度和安全操作规程，具备必要的安全生产知识，掌握本岗位的安全操作技能，了解事故应急处理措施，知悉自身在安全生产方面的权利和义务。除此之外，特种作业人员还必须按照国家有关法律、法规的规定接受专门的安全培训，经考核合格，取得相关特种作业操作资格证书后，方可上岗作业。

4. 其他人员教育培训

生产经营单位应对进入其管理范围内从事施工、检修、供货等相关方的作业人员进行安全教育培训，督促其遵守安全生产法律法规及相关规定、遵守本单位安全生产管理规定，确保安全作业。相关方进入现场应服从单位的有关安全规章制度，并签订安全生产协议，明确安全职责。对经常进入本单位的相关方要定期进行培训。同时生产经营单位还应对实习、外来参观等人员进行有关安全规定、可能接触到的危害及应急知识等内容的安全教育和告知,包括安全注意事项(本单位存在的危险源、危险部位)以及应穿戴的劳动防护用品,并安排专人带领。其安全教育和告知方式可以多样化,包括:①会议形式;②专题教育培训;③发放告知牌、手册等。

4.3.2 安全技术交底
4.3.2.1 内容
安全技术交底是指项目部负责人在生产作业前对直接生产作业人员进行的该作业的安全操作规程和注意事项的培训,并通过书面文件方式予以确认。

安全技术交底主要包括两个方面的内容:一是在施工方案的基础上按照施工的要求,对施工方案进行细化和补充;二是要将操作者的安全注意事项讲清楚,保证作业人员的人身安全。

4.3.2.2 要求
1. 原则

(1) 根据指导性、可行性、针对性及可操作性原则,提出足够细化可执行的操作及控制要求。

(2) 确保与工作相关的全部人员都接受交底,并形成相应记录。

(3) 交底内容要始终与技术方案保持一致,同时满足质量验收规范与技术标准。

(4) 使用标准化的专业技术用语、国际制计量单位以及统一的计量单位;确保语言通俗易懂,必要时辅助插图或模型等措施。

(5) 交底记录妥善保存,作为班组内业资料的内容之一。

2. 交底形式

安全交底可包括以下几种形式:

(1) 书面交底:以书面交底形式向作业人员交底,通过双方签字,责任到人,有据可查。这种是最常见的交底方式,效果较好。

(2) 会议交底:通过会议向作业人员传达交底内容,经过多工种的讨论、协商对技术交底内容进行补充完善,从而提前规避技术问题。

(3) 样板或模型交底:根据各项要求,制作相应的样板或模型,以加深一线作业人员对工作的理解。

(4) 挂牌交底:适用于人员固定的分项工程。将相关安全技术要求写在标牌上,然后分类挂在相应的作业场所。

以上几种形式的安全交底均需形成交底材料,安全技术交底工作完毕后,所有参加交底的人员必须履行签字手续,班组、交底人、安全员三方各留执一份,并记录存档。

4.3.2.3 注意事项
安全交底过程需注意以下内容:

(1) 作业人员到场后,必须参加安全教育培训及考核,考核不合格者不得进场。同时必须服从班组的安全监督和管理。

(2) 进场人员必须按要求正确穿着和佩戴个人防护用品,严禁酒后作业。

(3) 所有作业人员必须熟知本工种的安全操作规程和安全生产制度,不得违章作业,并及时制止他人违章作业，对违章指挥，有权拒绝。

（4）安全员须持证上岗，无证者不得担任安全员职，坚持每天做好安全记录，保证安全资料的连续、完整，以备检查。

（5）作业班组在接受生产任务时，安全员必须组织班组全体作业人员进行安全学习，进行安全交底，未进行此项工作的，班组有权拒绝接受作业任务，并提出意见。

（6）安全员每日上班前，必须针对当天的作业任务，召集作业人员，结合安全技术措施和作业环境、设施、设备安全状况及人员的素质、安全知识，有针对性地进行班前教育。

（7）认真查看作业附近的施工洞口、临边安全防护和脚手架护身栏等放置的安全防护措施是否验收合格。

4.4 现 场 急 救

4.4.1 现场急救步骤及紧急救护常识

4.4.1.1 报警

一旦发生安全事故，不要惊慌失措，发现人在第一时间向直接领导进行上报，视实际情况进行处理，并视现场情况拨打120、119、999和110等社会救援电话。

4.4.1.2 现场急救基本原则

事故现场急救，必须遵循"先救人后救物，先救命后疗伤"的原则，同时还应注意以下几点。

1. 救护者应做好个人防护

事故发生后，毒烟会经呼吸系统和皮肤侵入人体。因此，救护者必须摸清毒烟的种类、性质和毒性，在进入毒区抢救之前，首先要做好个体防护，选择并正确佩戴好合适的防毒面具和防护服。

2. 切断毒物来源

救护人员在进入事故现场后，应迅速采取果断措施切断毒物的来源，防止毒物继续外逸。对已经逸散出来的有毒气体或蒸汽，应立即采取措施降低其在空气中的浓度，为进一步开展抢救工作创造有利条件。

3. 迅速将中毒者（伤员）移离危险区

迅速将中毒者（伤员）转移至空气清新的安全地带。在搬运过程中要沉着、冷静，不要强抢硬拉，防止造成骨折。如已有骨折或外伤，则要注意包扎和固定。

4. 采取正确的方法，对患者进行紧急救护

把患者从现场中抢救出来后，不要慌里慌张地急于打电话叫救护车，应先松解患者的衣扣和腰带，维护呼吸道畅通，注意保暖；去除患者身上的毒物，防止毒物继续侵入人体。对患者的病情进行初步检查，重点检查患者是否有意识障碍、呼吸和心跳是否停止，然后检查有无出血、骨折等。根据患者的具体情况，选用适当的方法，尽快开展现场急救。

5. 尽快将患者送就近医疗部门治疗

就医时一定要注意选择就近医疗部门，以争取抢救时间。对伤病员，要根据不同的伤情，采用适宜的担架和正确的搬运方法。在运送伤病员的途中，要密切注视伤病情变化，并且不能中止救治措施，将伤病员迅速而平安地运送到后方医院做后续抢救。

4.4.2 现场急救基本方法

4.4.2.1 心肺复苏术

心肺复苏是指各种原因引起的心跳、呼吸骤停后的抢救。如果在心跳骤停 4min 内，第一目击者当场为其进行心肺复苏抢救，其复苏的成功率比医生到来高 5～6 倍。心脏骤停 4～6min，大脑就会发生不可逆死亡。所以这 4min 被称作挽救生命的"黄金 4min"。

1. 判断意识

首先应对伤员有无意识进行判断，对于成人采用观察、呼唤、拍打等轻拍重唤的方法，看伤员有无反应；无反应则检查有无呼吸或异常呼吸。

2. 呼救

拨打 120 急救电话，情况紧急时应先抢救再拨打电话；大声呼唤周围的人来协助抢救。拨打 120 急救电话时要讲清楚伤员所在地点、病因、病情（意识、脉搏、呼吸）、求救人姓名及电话等。

3. 纠正伤员体位

将伤员双手上举，一腿屈膝一手托其后颈部，另一手托其腋下，使之头、颈、躯干整体翻成仰位。抢救人员跪于伤员任一侧的肩腰部，两腿自然分开，与肩同宽。

4. 判断心跳

可检查颈动脉搏动，判断心跳。

5. 胸外按压，建立人工循环

对于成年人，按压部位为胸部正中，两乳头连线中点，即胸骨下 1/2 处；按压频率≥10 次/min；按压幅度≥5cm；按压次数约为 30 次。

按压时，双手掌根重叠，手指互扣翘起，每次按压后必须放松，掌根不得离开胸部；肘关节伸直不弯曲，双臂与患者胸部垂直。

6. 开放气道

一般气道阻塞的原因有两种类型：一是异物（痰、呕吐物、活动假牙、血块、泥沙等）阻塞气道；二是昏迷患者最常见的舌肌松弛、舌根后坠堵塞气道，会厌也会堵住气道。因此，必须使舌根抬起，离开咽后壁，使气道畅通。对此可采取的方法有以下 3 种：

(1) 清除异物。

(2) 纠正头部位置——仰头抬颏法。

(3) 器械开放气道。

7. 人工呼吸

(1) 救护人员将口紧贴病人的口（最好隔一纱布），另一手捏紧病人鼻孔以免漏气，救护者深吸一口气，向伤员口内均匀吹气。

(2) 吹气要快而有力。此时要密切注意病人的胸部，如胸部有活动后，立即停止吹气，并将伤员的头部偏向一侧，让其呼出空气。

（3）如果病人牙关紧闭，无法进行口对口呼吸，可以用口对鼻呼吸法（将伤员口唇紧闭），直到病人自动呼吸恢复为止。

（4）胸外按压与人工呼吸按 30∶2 的比例进行，即 30 次胸外按压后，进行 2 次人工呼吸。

4.4.2.2 外伤出血止血技术

1. 指压止血法

指压止血的部位在伤口的上方，即近心端。找到跳动的血管，用手指紧紧压住。这是紧急的临时止血法，与此同时，应准备材料换用其他止血方法。

采用此法，救护人员必须熟悉人体各部位血管出血的压血点。

2. 加压包扎止血法

加压包扎止血法，主要用于静脉、毛细血管或小动脉出血，出血速度和出血量不是很快、很大的情况。止血时先用纱布、棉垫、绷带、布类等做成垫子放在伤口的无菌敷料上，再用绷布或三角巾适度加压包扎。松紧要适中，以免因过紧影响必要的血液循环，而造成局部组织缺血性坏死，或过松达不到控制出血的目的。

3. 止血带止血法

常用的止血带有橡皮和布制两种。在现场紧急情况下，可选用绷带、布带、裤带、毛巾作为代替品。

4.4.2.3 搬运伤病员技术

搬运伤病员时，应根据伤病员的具体情况，选择合适的搬运工具和搬运方法。

必须强调，凡是创伤伤员一律应用硬直的担架，绝不可用帆布、软性担架，如对腰部、骨盆处骨折的伤员就要选择平整的硬担架。在抬送过程中，尽量少振动，以免增加伤员的痛苦。搬运病人应注意下列事项：

（1）必须先急救，妥善处理后才能搬运。

（2）运送时尽可能不摇动伤（病）者的身体。若遇脊椎受伤者，应将其身体固定在担架上，用硬板担架搬送。

（3）运送伤病员，应随时观察呼吸、体温、出血、面色变化等情况，注意伤（病）者姿势，给予保温。

（4）在人员、器材未准备好时，切忌随意搬运。

4.4.3 常见事故应急处置

4.4.3.1 压埋急救

1. 自救

（1）被压埋时，要尽量用湿毛巾、衣服或其他布料捂住口、鼻和头，防止灰尘呛闷发生窒息，也可以避免建筑物等进一步倒塌造成再次伤害。

（2）用周围可以挪动的物品支撑身体上方的重物，避免进一步塌落造成伤害。

（3）小心扩大活动空间，尽可能保持充足的空气。

（4）寻找和开辟通道，设法逃离险境，朝着有光亮、更宽敞安全的地方移动。

（5）若无法脱险，要尽量节省力气，如能够找到食品和水，要计划节约使用尽量延长生存时间，等待救援。

2. 救护

(1) 在确认安全的前提下先从被压埋人员多的地方开始施救；先救近处被压埋的人员；先救容易施救的人员；先救轻伤和身体强壮的人员，以壮大救援队伍；全力寻找被压埋的人员。

(2) 施救时要防止伤员再度受伤，动作要轻、准、快，不要强行拉。

(3) 如伤员全部被埋，应尽快将伤者的头部优先暴露出来，清理口鼻泥土、砂石、血块，松解衣带，以利呼吸。

(4) 使伤员平卧，头偏向一侧，防止呕吐物堵塞呼吸。

(5) 伤口出血时，应用布条止血和净水冲洗伤口，用干净毛巾包扎好，以防感染。

(6) 受伤者有骨折时要用夹板或代用品固定。

(7) 对呼吸停止者，应采用口对口人工呼吸法抢救。对心跳停止者，应实行胸外心脏按压法抢救。对呼吸和心跳均停止，应采用心肺复苏法抢救。

(8) 搬运伤员要平稳，避免颠簸和扭曲。有条件时及早输血、输液。

4.4.3.2 溺水急救

(1) 只要有其他办法，抢救者尽量不要下水救人，因为溺水的人往往惊慌失措，拼命抓住一切可抓到的东西。如身边有绳索、木板或其他不易下沉的物件，可抛给溺水者，再拖其上岸；如果游泳技术较好，决定下水救人，注意不要让溺水者缠上身，可迅速绕其背后，抓住头发或夹其腋窝，以仰泳方式将溺水者牢牢抓住托出水面，设法令其镇定后拖上岸。

(2) 抢救在水中抽筋的人时，可以在水中托住抽筋的人或令其在水中仰卧，让其伸直身体，拖上岸后按摩其患部，可缓解抽筋。

(3) 溺水者抬出水面后，应立即将其平卧，解开衣带，用纱布等物裹着手指将其舌头拉出口外，清除口和鼻腔内的水、泥及污物，并解开衣扣、领口，以保持人体呼吸道通畅。

(4) 迅速倒出呼吸道、胃内积水。将溺水者的腰腹部垫高，使其背朝上，头下垂进行倒水；或者抱起伤员双腿，将其腹部放在急救者肩上，快步奔跑使积水倒出；或急救者半跪，将溺水者的腹部放在自己的腿上，使其头部下垂，并用手平压背部倒水。控水时间不宜过长，特别是当控水作用不明显时，应抓紧时间采取其他急救措施。

(5) 对症采取人工呼吸、胸外心脏按压或心肺复苏法坚持急救。

(6) 在现场急救处理溺水者的同时，应尽快呼叫求援。

(7) 运送途中不可中断急救。

4.4.3.3 高空坠落急救

高空坠落是水利水电工程建设施工现场常见的一种伤害，多见于土建工程施工和闸门安装等高空作业。若不慎发生高空坠落伤害，则应注意下列几点：

(1) 去除伤员身上的用具和衣袋中的硬物。

(2) 在搬运和转送受伤者过程中，颈部和躯干不能前屈或扭转，而应使脊柱伸直，绝对禁止一个人抬肩另一个人抬腿的搬法，以免发生或加重截瘫。

(3) 应注意摔伤及骨折部位的保护，避免因不正确的抬送，使骨折错位造成二次伤害。

(4) 创伤局部妥善包扎，但对疑似颅底骨折和脑脊液漏患者切忌作填塞，以免导致颅内感染。

(5) 复合伤要求平仰卧位，保持呼吸道畅通，解开衣领扣。

(6) 快速平稳地送医院救治。

4.4.3.4 中毒与窒息急救

有毒有害气体种类主要为硫化氢、一氧化碳、甲烷。窒息主要原因为受限空间内含氧量过低。一般处置程序如下。

1. 预防

操作人员应掌握有毒有害气体相关知识，正确佩戴合适的防护用品，操作中持续进行气体含量检测，气体检测报警时，应撤离现场，及时上报。操作过程中出现污泥或污水泄漏情况，在不明情况下不得进入现场。

2. 报警

一旦发现有人员中毒、窒息，应马上拨打120或999救护电话，报警内容应包括：单位名称、详细地址、发生中毒事故的时间、危险程度、有毒有害气体的种类，报警人及联系电话，并向相关负责人员报告。

3. 救护

救援人员必须正确穿戴救援防护用品后，确保安全后方可进入施救，以免盲目施救发生次生事故。迅速将伤者移至空旷通风良好的地点。判断伤者意识、心跳、呼吸、脉搏。清理口腔及鼻腔中的异物。根据伤者情况进行现场施救。搬运伤者过程中要轻柔、平稳，尽量不要拖拉、滚动。

4.4.3.5 火灾应急救援

1. 初起火灾的扑灭原则

(1) 先控制，后消灭。对于不能立即扑灭的火灾要首先控制火势的蔓延和扩大，然后在此基础上一举消灭火灾。例如，燃气管道着火后，要迅速关闭阀门，断绝气源，堵塞漏洞，防止气体扩散，同时保护受火威胁的其他设施；当建筑物一端起火向另一端蔓延时，应从中间适当部位控制。

先控制，后消灭在灭火过程中是紧密相连，不能截然分开的。特别是对于扑救初起火灾来说，控制火势发展与消灭火灾，二者没有根本的界限，几乎是同时进行的。应该根据火势情况与本身力量灵活运用这一原则。

(2) 救人重于救火。当火场上有人受到火势围困，首先要做的是把人从火场中救出来，即救人胜于救火。在实际操作中，可以根据人员和火势情况，救人和救火同时进行，但决不能因为救火而贻误救人时机。

(3) 先重点，后一般。在扑救初起火灾时，要全面了解和分析火场情况，区分重点和一般。很多时候，在火场上，重点与一般是相对的，一般来说，要分清以下情况：人重于物；贵重物资重于一般物资；火势蔓延迅猛地带重于火势蔓延缓慢地带；有爆炸，毒害，倒塌危险的方面要重于没有这些危险的方面；火场下风向重于火场上风向；易燃，可燃物集中区域重于这类物品较少的区域；要害部位重于非要害部位。

(4) 快速，准确，协调作战。火灾初起越迅速，越准确靠近火点及早灭火，越有利于抢在火灾蔓延扩大之前控制火势，消灭火灾。协调作战是指参见扑救火灾的所有组织，个人之间的相互协作，密切配合行动。

2. 初起火灾的基本扑救方法

(1) 隔离法。拆除与火场相连的可燃，易燃建筑物；或用水流水帘形成防止火势蔓延的隔离带，将燃烧区与未燃烧区分隔开。在确保安全的前提下，将火场内的设备或容器内的可燃，易燃液，气体排放，泄除，转移至安全地带。

(2) 冷却法。使用水枪、灭火器等，将水等灭火剂喷洒到燃烧区，直接作用于燃烧物使之冷却熄灭；将冷却剂喷洒到与燃烧物相邻的其他尚未燃烧的可燃物或建筑物上进行冷却，以阻止火灾的蔓延。用水冷却建筑构件，生产装置或容器，以防止受热变形或爆炸。

(3) 窒息灭火法。用湿棉被、湿麻袋、石棉毯等不燃或难燃物质覆盖在燃烧物表面；较密闭的房间发生火灾时，封堵燃烧区的所有门窗、孔洞，阻止空气等助燃物进入，待其氧气消耗尽使其自行熄灭。

(4) 抑制法。使用卤代烷、干粉灭火器喷射灭火剂干扰和抑制燃烧的链式反应，使燃烧过程中产生的游离基消失，形成稳定分子或低活性的游离基，从而使燃烧反应停止。

3. 灭火器使用方法与注意事项

(1) 干粉灭火器的正确使用。使用方法：灭火时，可手提或肩扛灭火器快速奔赴火场，在距燃烧处 5m 左右，放下灭火器。如在室外，应选择在上风方向喷射。

1) 使用的干粉灭火器若是外挂式储压式的，操作者应一手紧握喷枪、另一手提起储气瓶上的开启提环。

如果储气瓶的开启是手轮式的，则向逆时针方向旋开，并旋到最高位置，随即提起灭火器。当干粉喷出后，迅速对准火焰的根部扫射。

2) 使用的干粉灭火器若是内置式储气瓶的或者是储压式的，操作者应先将开启把上的保险销拔下，然后握住喷射软管前端喷嘴部，另一只手将开启压把压下，打开灭火器进行灭火。

有喷射软管的灭火器或储压式灭火器在使用时，一手应始终压下压把，不能放开，否则会中断喷射。

(2) 泡沫灭火器的正确使用。

1) 手提式使用方法。可手提筒体上部的提环，迅速奔赴火场。这时应注意不得使灭火器过分倾斜，更不可横拿或颠倒，以免两种药剂混合而提前喷出。当距离着火点 10m 左右，即可将筒体颠倒过来，一只手紧握提环，另一只手扶住筒体的底圈，将射流对准燃烧物。

2) 推车式使用方法。使用时，需要两人操作，先将灭火器迅速推拉到火场，在距离着火点 10m 左右处停下，由一人施放喷射软管后，双手紧握喷枪并对准燃烧处；另一个则先逆时针方向转动手轮，将螺杆升到最高位置，使瓶盖开足，然后将筒体向后倾倒，使拉杆触地，并将阀门手柄旋转 90°，即可喷射泡沫进行灭火。如阀门装在喷枪处，则由负责操作喷枪者打开阀门。

(3) 二氧化碳灭火器。使用方法：灭火时只要将灭火器提到或扛到火场，在距燃烧物

5m左右，拔出灭火器保险销，一手握住喇叭筒根部的手柄，另一只手紧握启闭阀的压把。对没有喷射软管的二氧化碳灭火器，应把喇叭筒往上扳70°～90°。使用时，不能直接用手抓住喇叭筒外壁或金属连线管，防止手被冻伤。

灭火时，当可燃液体呈流淌状燃烧时，使用者将二氧化碳灭火剂的喷流由近而远向火焰喷射。如果可燃液体在容器内燃烧时，使用者应将喇叭筒提起。从容器的一侧上部向燃烧的容器中喷射。但不能将二氧化碳射流直接冲击可燃液面，以防止将可燃液体冲出容器而扩大火势，造成灭火困难。

（4）灭火器使用注意事项。

1）灭火器在运输和存放中，应避免倒放、雨淋、暴晒、强辐射和接触腐蚀性物质。

2）灭火器的存放环境温度应在－10～45℃范围内。

3）灭火器放置处，应保持干燥通风，防止筒体受潮腐蚀。应避免日光暴晒和强辐射热，以免影响灭火器正常使用。

4）灭火器应按制造厂规定的要求和检查周期，进行定期检查。

5）灭火器一经开启，即使喷出不多，也必须按规定要求进行再充装，再充装应由专业维修部门按制造厂规定的要求和方法进行，不得随便更改灭火剂的品种、重量和驱动气体压力。

6）灭火器经功能性检查发现存在问题的，必须委托有维修资质的维修单位进行维修，更换已损件、筒体进行水压试验、重新充装灭火剂和驱动气体。

7）经维修部门修复的灭火器，应有消防监督部门认可的标记，并注以维修单位名称及维修日期。

8）灭火器无论是使用过还是未经使用过，从生产日期（每具灭火器的筒体上都有生产日期）算起，达到规定的维修年限后必须送维修单位进行维修，达到报废年限的必须报废，维修中经水压试验不合格的灭火器也必须报废。

9）管理处必须加强对灭火器的日常管理和维护。要建立"灭火器台账"，登记类型、配置数量、设置部位和维护管理的责任人；明确维护管理责任人的职责。

10）管理处要对灭火器的维护情况至少每季度检查1次，检查内容包括：责任人维护职责的落实情况，灭火器压力值是否处于正常压力范围，保险销和铅封是否完好，灭火器不能挪作他用，摆放稳固，没有埋压，灭火器箱不得上锁，避免日光暴晒和强辐射热，灭火器是否在有效期内等，要将检查灭火器有效状态的情况制作成"灭火器检查记录"，存档以利查证。

（5）灭火器适用范围。

1）干粉灭火器。适用范围：碳酸氢钠干粉灭火器适用于易燃、可燃液体、气体及带电设备的初起火灾；磷酸铵盐干粉灭火器除可用于上述几类火灾外，还可扑救固体类物质的初起火灾。但都不能扑救金属燃烧火灾。

2）泡沫灭火器。适用范围：适用于扑救一般B类火灾，如油制品、油脂等火灾，也可适用于A类火灾，但不能扑救B类火灾中的水溶性可燃、易燃液体的火灾，如醇、酯、醚、酮等物质火灾；也不能扑救带电设备及C类和D类火灾。

3）二氧化碳灭火器。适用范围：二氧化碳灭火器主要用于扑救贵重设备、档案资料、仪器仪表、600V以下电气设备及油类的初起火灾。

4. 消火栓（消防栓）作用与使用方法

消防系统包括室外消火栓系统、室内消火栓系统、灭火器系统、有的还会有自动喷淋系统、水炮系统、气体灭火系统、火探系统、水雾系统等。

人们普遍认为，只要消防车到达火场，就可以立即出水把火扑灭。其实不然，在消防队装备的消防车中有相当一部分是不带水的，诸如举高消防车、抢险救援车、火场照明车等，它们必须和灭火消防车配套使用，而一些灭火消防车因自身运载水量有限，在灭火时也急需寻找水源。这时，消防栓就发挥出巨大的供水功能，是扑救火灾的重要消防设施之一。

（1）消防栓的作用。消防栓是一种固定消防工具，主要作用是控制可燃物、隔绝助燃物、消除着火源。消防栓主要供消防车从市政给水管网或室外消防给水管网取水实施灭火，也可以直接连接水带、水枪出水灭火。

（2）消防栓的放置位置。

1）消防栓应该放置于走廊或厅堂等公共的共享空间中，一般会在上述空间的墙体内，不管对其做何种装饰，要求有醒目的标注（写明"消火栓"），并不得在其前方设置障碍物，避免影响消火栓门的开启。

2）消防栓不能隔在房间（如包厢）内，既不符合消防的规定，也不利于消防人员的及时救援。

（3）消防栓的使用方法。

1）打开消防栓门，按下内部火警按钮（按钮是报警和启动消防泵的）。

2）一人接好枪头和水带奔向起火点。

3）另一人接好水带和阀门口。

4）逆时针打开阀门水喷出即可。

5. 火场逃生方法

若判断已经无法扑灭火灾时，应马上逃生。特别在人员集中的较封闭的厂房、车间、工棚内发生火灾和在公共场所发生火灾时，更要尽快逃离火区。

（1）几种逃生法。

1）绳索、被单拧结绳自救法：用绳索或将床单、被罩、窗帘等撕成条并拧成麻花状，将其一端拴在门框、窗框或重物上沿另一端爬下。逃生过程中，脚要成绞状夹紧绳子，双手交替往下爬，并尽量用手套、毛巾等将手保护好。

2）匍匐前进法：由于火灾发生时候烟气大多聚集在靠上的空间，因此在逃生过程中应尽量将身体贴近地面，匍匐或弯腰前进。

3）湿毛巾捂鼻法：将毛巾浸湿，叠起来捂住口鼻，无水时，干毛巾也行，身边没有毛巾，餐巾布、口罩、衣服也可以替代。要多叠几层，将口鼻捂严，增加滤烟效果。穿越烟雾区时，即使感到呼吸困难，也不能将毛巾从口鼻上拿开，否则就有立即中毒的危险。

4）用浸泡过的棉被或毛毯、棉大衣裹在身上，以最快的速度窜出火场。

5）毛毯隔火法：将毛毯等织物钉或夹在门上，并不断往上浇水冷却，以防止外面的火焰及烟气侵入，从而增加逃生的时间。

6）管线下滑法。

（2）火场逃生注意事项。

1）不要惊慌，要尽可能做到沉着、冷静，不要大吵大叫，相互拥挤。

2）正确判断火源、火势和蔓延方向，以便选择合适的逃离路线，逆风疏散。

3）回忆和判断安全出口的方向、位置，以便能在最短时间内找到安全出口。

4）要有互助友爱精神，听从指挥，有秩序地撤离火场。

5）在逃生时，必须采取措施。因为火灾现场浓烟是有毒的，而且浓烟在室内的上方集聚，越低的地方，越安全。逃生者要就地将衣服、帽子、手帕等物弄湿，捂住自己的嘴、鼻，防止烟气呛人或毒气中毒，采用低姿或爬行的方法逃离。

6）无法逃离火场时，要选择相对安全的地方。火若是从楼道方向蔓延的，可以关紧房门，向门上泼水降温，设法呼救，等待救助。注意不要鲁莽行事，造成其他伤害。

7）遇到火灾时，千万不要乘电梯。

第 5 章

识 图 基 础 知 识

5.1 工 程 识 图

5.1.1 识图基本概念
5.1.1.1 投影及其特性
1. 投影的概念

在日常生活中,有一种常见的自然现象:当光线照在形体上时,地面或墙面上必然会产生影子,这就是投影的现象。这种影子只能反映形体的外形轮廓,不能反映内部情况。人们在这种自然现象的基础上,对影子的产生过程进行了科学的抽象,即把光线抽象为投射线,把物体抽象为形体,把地面抽象为投影面,于是就创造出投影的方法。当投射线投射到形体上,就在投影面上得到了形体的投影,这个投影称为投影图,如图 5.1 所示。

投射线、投影面、形体(被投影对象)是产生投影的三要素。

2. 投影的分类

投影法是研究投射线、投影面、形体(被投影对象)三者之间的关系的,随着三者位置的变化,形成了不同的投影方法。其分类如下:

(1) 中心投影法。当投影中心距离投影面有限远,所有投射线都通过投射中心时,这种对形体进行投影的方法称为中心投影法,如图 5.2 所示。用中心投影法所得到的投影称为中心投影。由于中心投影法的各投射线对投影面的倾角不同,因而得到的投影与被投影对象在形状和大小上有着比较复杂的关系。

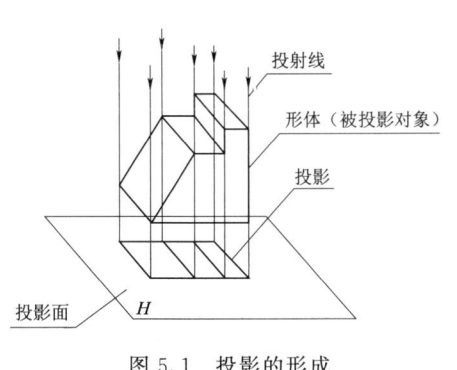

图 5.1 投影的形成

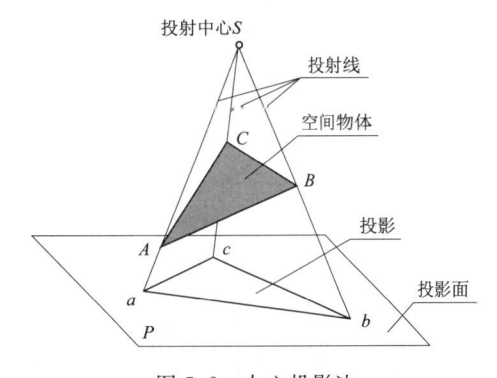

图 5.2 中心投影法

(2) 平行投影法。若将投射中心移向无穷远处,则所有的投射线变成互相平行,这种对形体进行投影的方法称为平行投影法,如图 5.3 所示。平行投影法又分为斜投影法和正投影法两种。

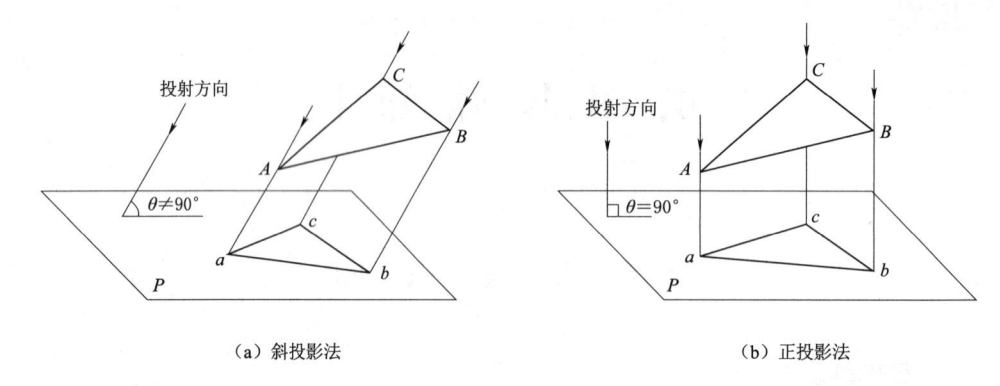

(a) 斜投影法　　　　　　　　　　　(b) 正投影法

图5.3　平行投影法

1) 斜投影法。平行投影法中，当投射线倾斜于投影面时，这种对形体进行投影的方法称为斜投影法，如图5.3 (a) 所示。用斜投影法所得到的投影称为斜投影。由于投射线的方向以及投射线与投影面的倾角θ有无穷多种情况，故斜投影也可绘出无穷多种；但当投射线的方向和θ一定时，其投影是唯一的。

2) 正投影法。平行投影法中，当投射线垂直于投影面时，这种对形体进行投影的方法称为正投影法，如图5.3 (b) 所示。用正投影法所得到的投影称为正投影。由于平行投影是中心投影的特殊情况，而正投影又是平行投影的特殊情况，因而它的规律性较强，所以工程上把正投影作为工程图的绘图方法。

3. 正投影图及其特性

(1) 正投影图的形成。用正投影法所绘制的投影图称为正投影图。

将形体向一个投影面作正投影所得到的投影图称形体的单面投影图。形体的单面投影图不能反映形体的真实形状和大小，也就是说，根据单面投影图不能唯一确定一个形体的空间形状，如图5.4所示。

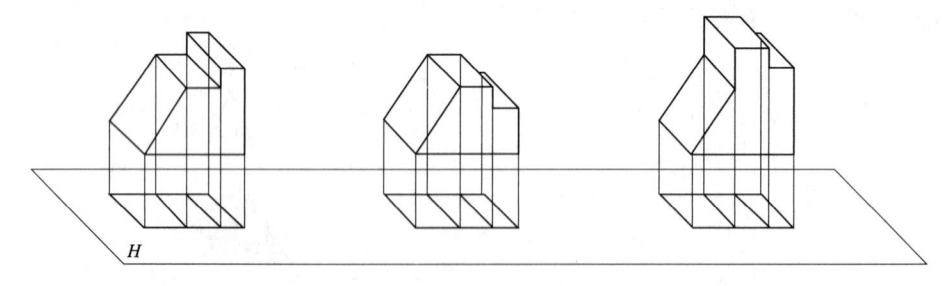

图5.4　形体的单面投影

将形体向互相垂直的两个投影面作正投影所得到的投影图称形体的两面投影图。根据两个投影面上的投影图来分析空间形体的形状时，有些情况下得到的答案也不是唯一的，如图5.5所示。

将形体向互相垂直的三个投影面作正投影所得到的投影图称形体的三面投影图。这是工程实践中最常用的投影图。

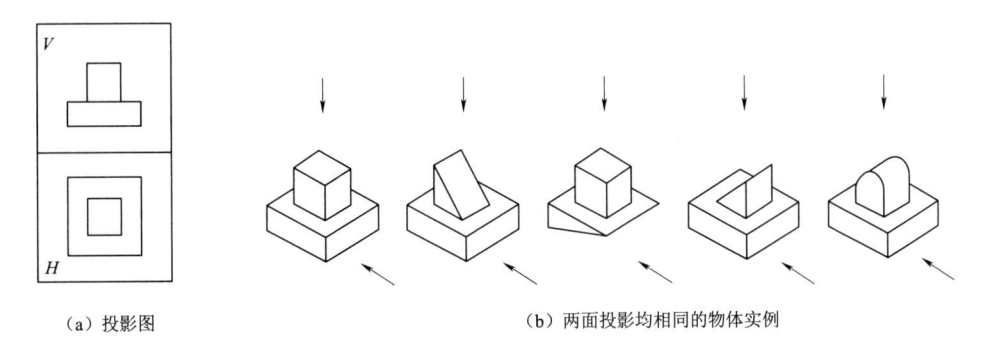

(a)投影图　　　　　　　　　　　　　　(b)两面投影均相同的物体实例

图 5.5　形体的两面投影

图 5.6（a）就是把一个形体分别向三个相互垂直的投影面 H、V、W 作正投影的情形，图 5.6（b）、(c) 是将形体移走后，将投影面连同形体的投影展开到一个平面上的方法；图 5.6（d）是去掉投影面边框后得到的三面投影图。

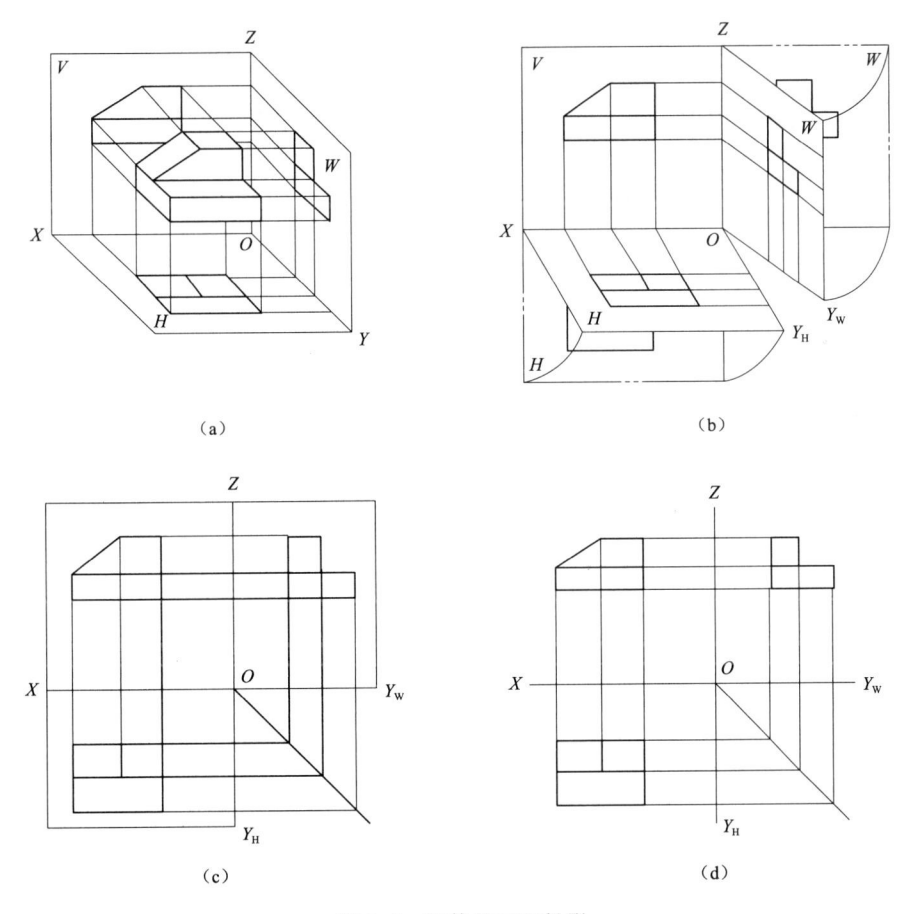

(a)　　　　　　　　　　　　　　(b)

(c)　　　　　　　　　　　　　　(d)

图 5.6　形体的三面投影

按多面投影法绘图不但简便，而且易于度量，所以在工程上应用最为广泛。这种图示法的缺点是所绘的图形直观性较差。

如图 5.6（a）所示，选择三个互相垂直的平面作为投影面，建立了三投影面体系。其中水平放置的投影面称为水平投影面，简称水平面，用字母 H 表示；立在正面的投影面称为正立投影面，简称正面，用字母 V 表示；而立在右侧面的投影面称为侧立投影面，简称侧面，用字母 W 表示。三投影面的交线 OX、OY、OZ 称为投影轴。把被投影的形体放在这三个互相垂直的投影面体系中，并将形体分别向三个投影面作投射。在 H 面上的投影称为水平投影，在 V 面上的投影称为正面投影，在 W 面上的投影称为侧面投影。

建筑制图标准中规定：形体的可见轮廓线画成粗实线，不可见轮廓线画成虚线。

画投影图时需要把三个投影面展开成一个平面。展开的方法是：正立投影面（V 面）保持不动，水平投影面（H 面）绕 OX 轴向下旋转 $90°$，侧立投影面（W 面）绕 OZ 轴向右旋转 $90°$。此时，OY 轴被一分为二，随 H 面的轴记为 OY_H，随 W 面的轴记为 OY_W，如图 5.6（b）。形体在各投影面上的投影也随其所在的投影面一起旋转，就得到了在同一平面上的三面投影图，如图 5.6（c）所示。为简化作图，在三面投影图中可以不画投影面的边框和投影轴，投影之间的距离可根据具体情况而定，如图 5.6（d）所示。

（2）正投影图及其特性。

1）由图 5.6、图 5.7（b）可以看出，形体的三面投影之间存在着一定的联系：正面投影和水平投影具有相同的长度，正面投影和侧面投影具有相同的高度，水平投影与侧面投影具有相同的宽度。因此，常用"长对正、高平齐、宽相等"概括形体三面投影的规律，简称"三等关系"。上述投影规律对形体的整体尺寸、局部尺寸、每个点都适用。

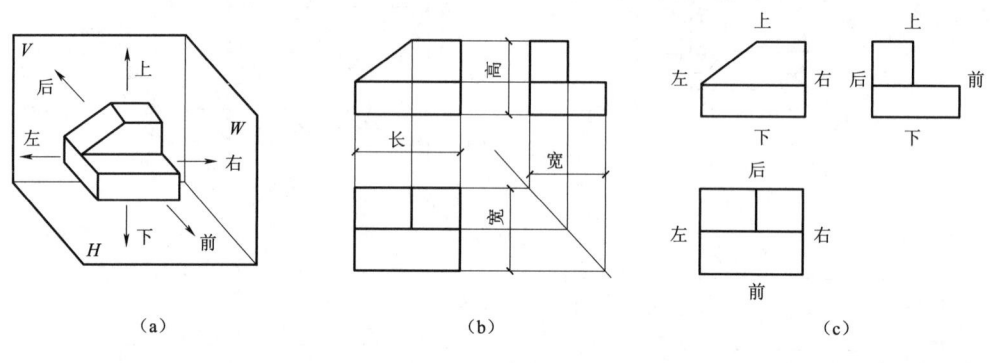

图 5.7　形体的方向

2）由图 5.7（a）可知，空间形体有上、下、左、右、前、后六个方向，它们在三面投影图中也能够准确地反映出来，如图 5.7（c）所示。在投影图上正确识别形体的方向，是识图所必需的。

5.1.1.2　轴测投影

1. 轴测投影的形成

轴测投影体系由一束平行投射线（轴测投影方向）、一个投影面（轴测投影面）和被投影形体组成。

将空间形体连同确定其空间位置的直角坐标系沿不平行于任一坐标面的方向，用平行投影法投射在单一投影面（此面称轴测投影面）上而得到的投影图叫作轴测投影图，简称轴测图，如图 5.8 所示。轴测投影图不仅能反映形体三个侧面的形状，立体感强，而且能够测量形体三个方向的尺寸,具有可量性。但测量时必须沿轴测量,这也是轴测投影命名的由来。

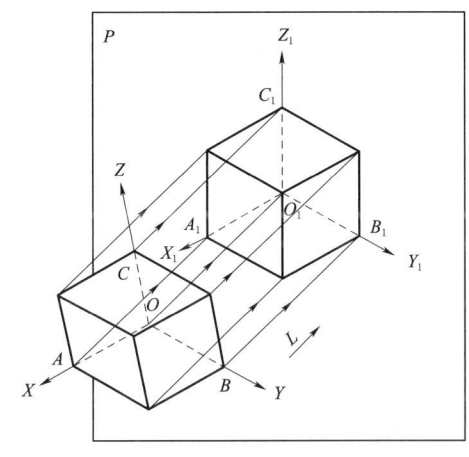

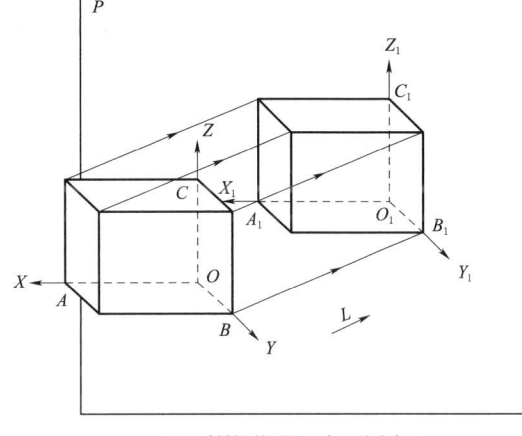

(a) 正轴测投影（L 与 P 垂直）　　(b) 斜轴测投影（L 与 P 不垂直）

图 5.8　轴测图的形成

要想在一个投影面上同时反映形体的长、宽、高,有两种方法:

(1) 将形体三个方向的面及其三个坐标轴与投影面倾斜,投射线垂直投影面,这种投影称为正轴测投影,也称为正轴测图,如图 5.8（a）所示。

(2) 将形体一个方向的面及其两个坐标轴与投影面平行,投射线与投影面倾斜,得到的投影称为斜轴测投影,也称为斜轴测图,如图 5.8（b）所示。

2. 轴测投影的基本性质

因为轴测投影仍然是平行投影,所以它必然具有平行投影的投影的特性。即:

(1) 平行性。形体上互相平行的直线,其轴测投影仍平行。

(2) 定比性。形体上与轴平行的线段,其轴测投影平行于相应的轴测轴,其轴向伸缩系数与相应轴测轴的轴向伸缩系数相等。只要给出各轴测轴的方向以及各轴向伸缩系数,即可根据形体的正投影图画出它的轴测投影图。画轴测图时,形体上凡平行于坐标轴的线段,都可按其原长度乘以相应的轴向伸缩系数得到轴测长度,这就是轴测图的"轴测"二字的含义。

3. 轴测图的分类

按照投射方向与轴向伸缩系数的不同,轴测图可按图 5.9 所示分类。

建筑工程中最常用的是正等轴测图（简称正等测）和斜二等轴测图（简称斜二测）。

5.1.1.3　标高投影

1. 投影概念

在排水工程中,经常需要在一个投影面上给出地面起伏和曲面变化形状,即给出物体垂直与水平两个方向变化情况。这就需要用标高投影方法来解决。一般物体水平投影确定后,它的立面投影主要是提供投影物体的高度位置。如果投影物

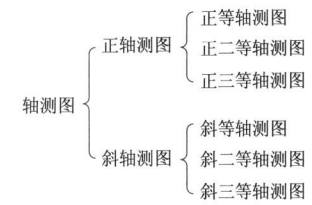

图 5.9　轴测图的分类

体各点高度已知后,将空间的点按正投影法投影到一个水平面上,并标出高度数值,使在一个投影面上表示出点的空间位置,即可确定物体形状与大小,此种方法称为标高投影。

如图5.10所示,若空间A点距水平面(H)有4个单位,则A点在H面投影a_4按其水平基准面的尺寸单位和绘图比例就可确定A点空间位置,即自a_4引水平基准面(H)垂直线按比例大小量取4个单位定出空间A点的高度。

2. 地面标高投影——等高线

物体相同高度点的水平投影所连成的线,称为等高线。一般采用一个水平投影面,用若干不同的等高线来显示地面起伏或曲面形状(图5.11)。

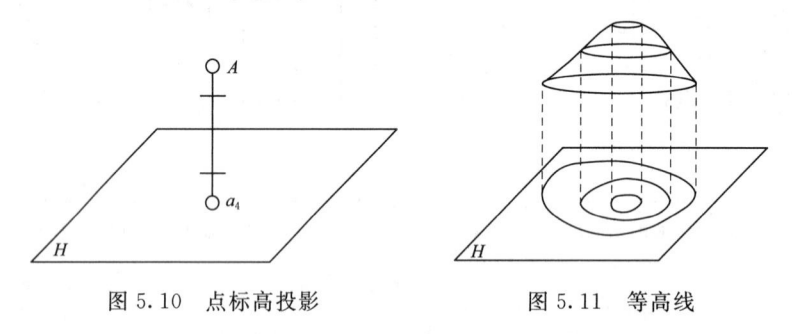

图5.10 点标高投影   图5.11 等高线

地面标高投影特性如下:
(1) 等高线是某一水平面与地面交线,因此它必是一条闭合曲线。
(2) 每条等高线上高程相等。
(3) 相邻等高线之间的高度差都相等。
(4) 相邻等高线之间间隔疏远程度,反映着地表面或物体表面倾斜程度。

5.1.1.4 剖面图

三视图可以清楚地表示出构造物可见部分的外形轮廓与尺寸。其构造物内部看不见的部分一般用虚线来表示;但是当物体内部比较复杂,在三视图上用大量虚线来表示,会使图形不清晰。因此采用切断开的办法,把物体内部需要的部分的构造状况暴露出来,使大多数虚线变成实线,采用这种方法绘出所需要物体某一部位切断面的视图称为剖视图。只表示出切断面的图形称为剖面图,简称剖面。所以剖面图是用来表示物体某一切开部分断面形状的。因此剖面与剖视的区别在于:剖面图只绘出切口断面的投影,剖视图则既绘出切口断面又绘出物体其余有关部分

(a) 混凝土管轴测图

(b) Ⅰ—Ⅰ混凝土管纵剖面图   (c) Ⅱ—Ⅱ混凝土管横剖面图

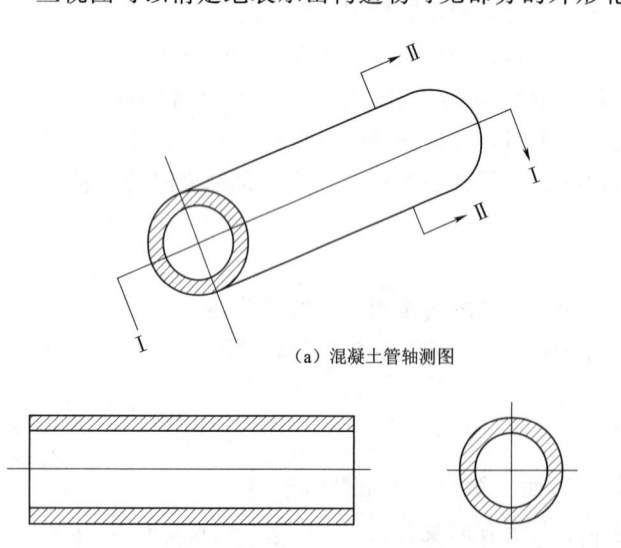

图5.12 物体纵剖面和横剖面图

结构轮廓的投影。现将剖视情况分述如下。

1. 按剖开物体方向分类

可分为纵剖面和横剖面，如图 5.12 所示。

2. 按剖视物体的方法分类

（1）全剖面图。用剖切面完全剖开形体的剖面图称为全剖面图，简称全剖面，如图 5.13 所示。

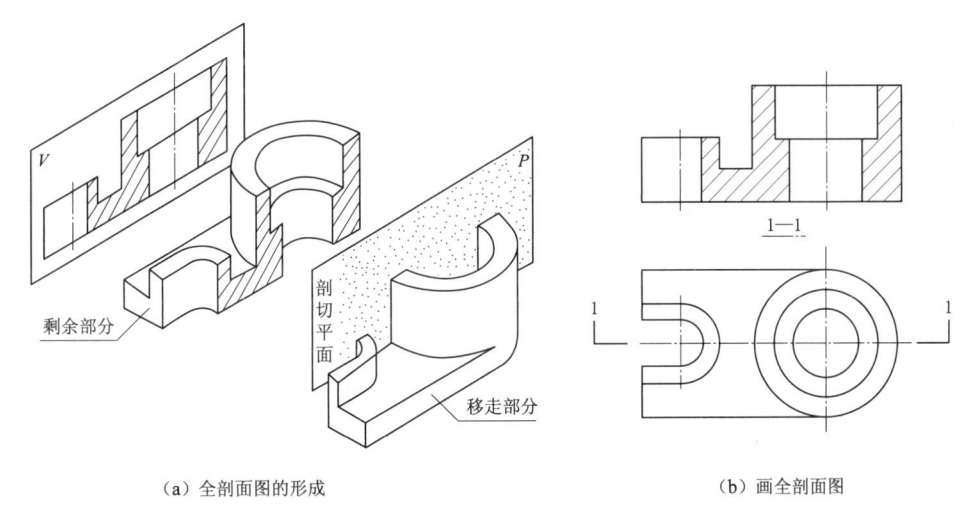

（a）全剖面图的形成　　　　　　（b）画全剖面图

图 5.13　全剖面图（一）

1）适用范围。当形体的外形比较简单，内形较复杂，而图形又不对称时，或外形简单的回转体形体，为了便于标注尺寸也常采用全剖面图，如图 5.14 所示。

2）剖面图的标注。如图 5.13、图 5.14 所示，由于都是采用单一剖切面通过形体的对称面剖切，且剖面图按投影关系配置，故可省略标注。

（2）半剖面图。当物体有对称平面时，垂直于对称平面的投影面上的投影，可以以对称中心线为界，一半画出剖视图来表示物体内部构造情况，另一半画出物体原投影图，用以表示外部形状，这种剖面图称为半剖面图，简称半剖面，如图 5.15 所示，有一混凝土基础，其三面图左右都对称，为了同时表示基础外形与内部构造情况，采用半剖面图。

图 5.14　全剖面图（二）

（3）局部剖视。如只表示物体局部的内部构造，不需全剖或半剖，但仍保存原物体外形视图，则采取局部剖视方法，称为局部剖视图。

（4）斜剖视。当物体形状与空间有倾斜度时，为了表示物体内部构造的真实形状，可采用斜剖视的方法来表示。

（5）阶梯剖视。由两个或两个以上的相互平行的剖切平面进行剖切，用这种方法所绘出的图形叫阶梯剖视图。

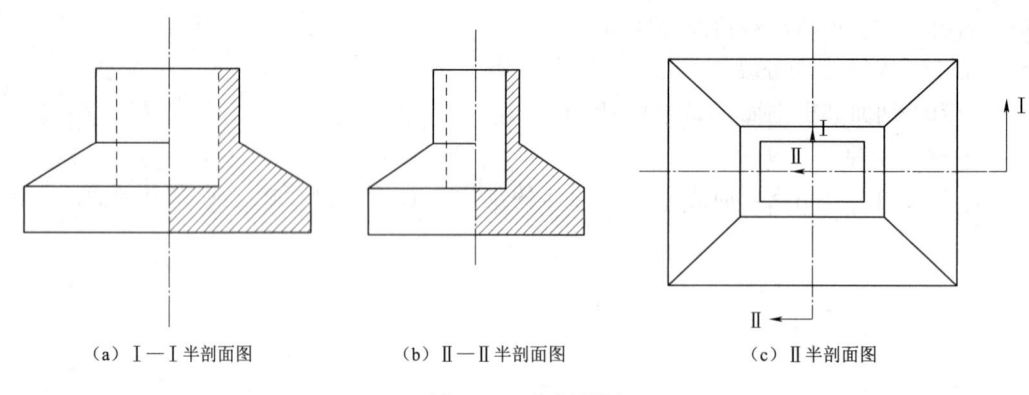

(a) Ⅰ—Ⅰ半剖面图　　　　(b) Ⅱ—Ⅱ半剖面图　　　　(c) Ⅱ半剖面图

图 5.15　半剖面图

（6）旋转剖视。用两个相交的剖切平面，剖切物体后，并把它们旋转到同一平面上，用这种剖视方法所得到的剖视图，称为旋转剖视图。

5.1.2　识图基本知识

给水排水工程主要包括室外给水、室外排水、室内给水、室内排水、室内热水供应、建筑消防等分部工程。在房屋建筑中，给排水设施主要有：给水龙头、洗脸盆、洗菜盆、大小便器、消防栓、淋浴器、清通设施等。每一项给排水设施，都需要经过专门设计表达在图纸上，这些有关的图纸就是给排水施工图。在建筑施工图中，它与电气施工图、采暖通风施工图一起，列为设备施工图。给排水施工图按"水施"编号。

5.1.2.1　制图标准

1. 图幅

（1）图纸的幅面是指图纸宽度与长度组成的图面。为了使用和管理图纸方便、规整，所有的设计图纸的幅面必须符合国家标准的规定，见表 5.1。

表 5.1　　幅面及图框尺寸　　单位：mm

幅面代号 尺寸代号	A0	A1	A2	A3	A4
$b \times l$	841×1189	594×841	420×594	297×420	210×297
c		10			5
a			25		

注　表中 b 为幅面短边尺寸，l 为幅面长边尺寸，c 为图框线与幅面线间宽度，a 为图框线与装订边间宽度。

（2）需要微缩复制的图样，其一个边上应附有一段准确米制尺度，四个边上均附有对中标志，米制尺度的总长应为 100mm，分格应为 10mm。对中标志应画在图样内框各边长的中点处，线宽 0.35mm，并应伸入内框边，在框外为 5mm。

（3）图样的短边尺寸不应加长，A0～A3 幅面长边尺寸可加长，见表 5.2。

（4）图纸以短边作为垂直边称为横式，以短边作为水平边称为立式。一般 A0～A3 图纸宜横式使用；必要时，也可立式使用。

（5）一个工程设计中，每个专业所使用的图纸一般不宜多于两种幅面，不含目录及表格所采用的 A4 幅面。

表 5.2　　　　　　　　　　　图 纸 长 边 加 长 尺 寸　　　　　　　　　　单位：mm

幅面代号	长边尺寸	长边加长后的尺寸		
A0	1189	1486（A0+1/4l）	1635（A0+3/8l）	1783（A0+1/2l）
		1932（A0+5/8l）	2080（A0-3/4l）	2230（A0+7/8l）
		2378（A0+l）		
A1	841	1051（A1+1/4l）	1261（A1+1/2l）	1471（A1+3/4l）
		1682（A1+l）	1892（A1+5/4l）	2102（A1+3/2l）
A2	594	743（A2+1/4l）	891（A2+1/2l）	1041（A2+3/4l）
		1189（A2+l）	1338（A2+5/4l）	1486（A2+3/2l）
		1635（A2+7/4l）	1783（A2+2l）	1932（A2+9/4l）
		2080（A2+5/2l）		
A3	420	630（A3+1/2l）	841（A3+l）	1051（A3+3/2l）
		1261（A3+2l）	1471（A3+5/2l）	1682（A3+3l）
		1892（A3+7/2l）		

2. 标题栏与会签栏

（1）图纸的标题栏、会签栏及装订边的位置。

1）横式和立式使用的图纸，应按图 5.16 所示的形式布置。

2）标题栏应按图 5.17 所示，根据工程需要选择确定其尺寸、格式及分区。签字区应包含实名列和签名列。涉外工程的标题栏内，各项主要工作内容的中文下方应附有译文，设计单位的上方或左方，应加"中华人民共和国"字样。

3）会签栏应按图 5.18 的格式绘制，其尺寸应为 100mm×20mm，栏内应填写会签人员所代表的专业、姓名、日期（年、月、日）；一个会签栏不够时，可另加一个，两个会签栏应并列；不需会签的图纸可不设会签栏。

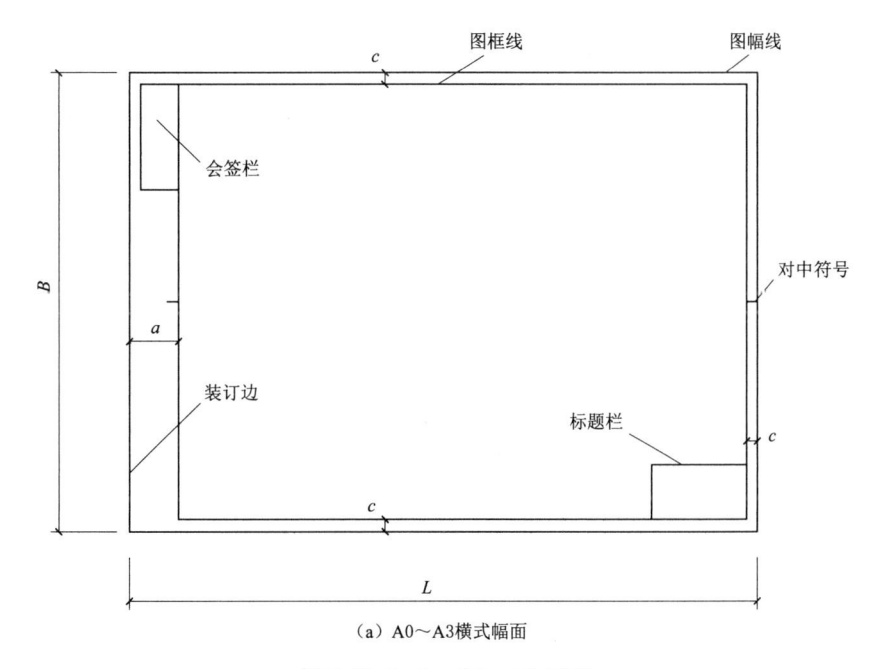

(a) A0～A3横式幅面

图 5.16（一）　A0～A3 幅面

(b) A0～A3立式幅面

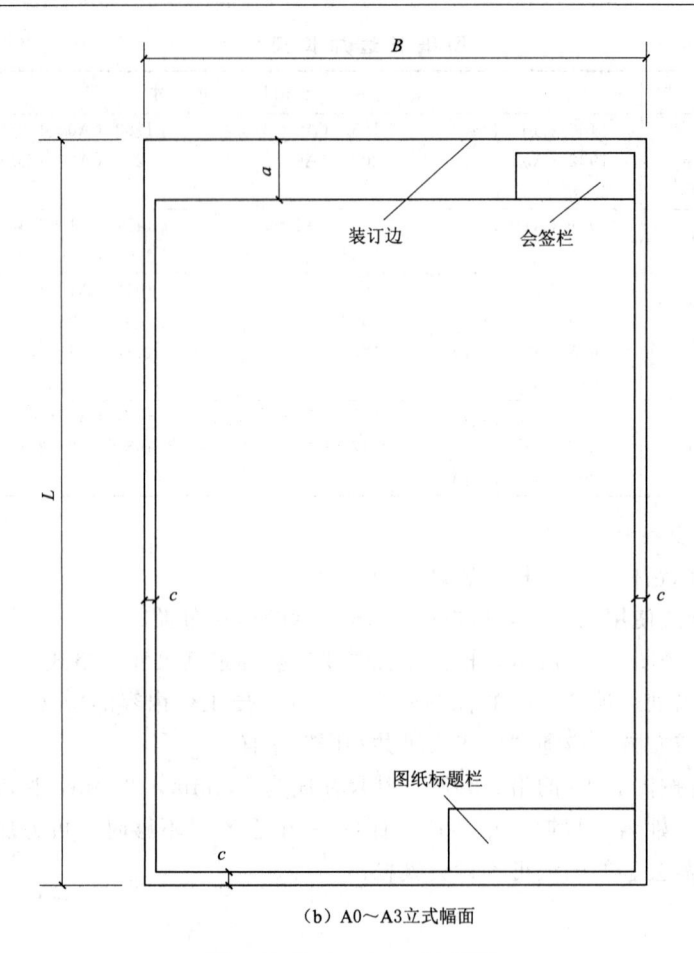

图 5.16（二） A0～A3 幅面

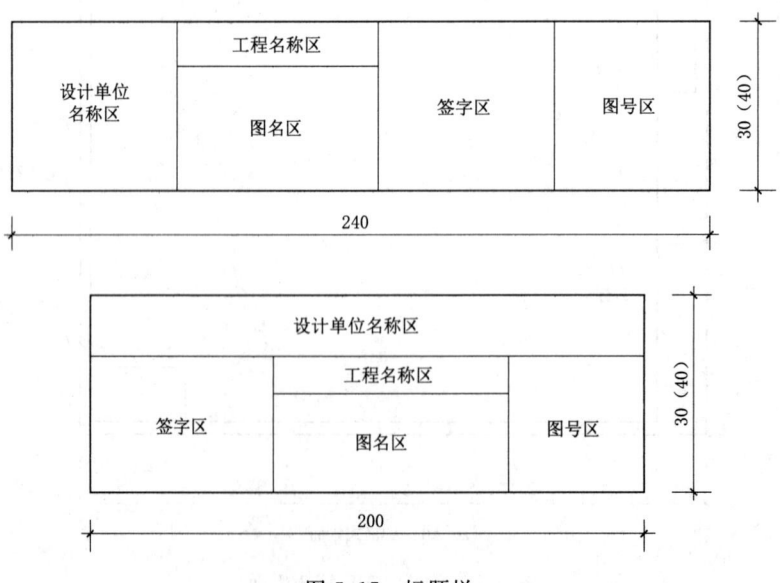

图 5.17 标题栏

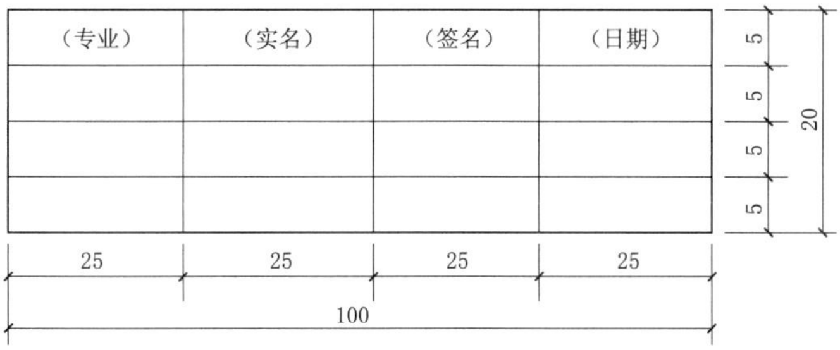

图 5.18 会签栏

(2) 图纸编排顺序。

1) 工程图纸应按专业顺序编排，一般应为图纸目录、总图、建筑图、结构图、给水排水图、暖通空调图、电气图等。

2) 各专业的图纸，应该按图纸内容的主次关系、逻辑关系有序排列。

3. 图线

(1) 图线的宽度 b，宜从下列线宽系列中选取：2.0mm、1.4mm、1.0mm、0.7mm、0.5mm、0.35mm。每个图样，应根据复杂程度与比例大小，先选定基本线宽 b，再选用表 5.3 中相应的线宽组。

表 5.3　　　　　　　　　　　线　宽　组　　　　　　　　　　　　　单位：mm

b	2.0	1.4	1.0	0.7	0.5	0.35
$0.5b$	1.0	0.7	0.5	0.35	0.25	0.18
$0.35b$	0.5	0.35	0.25	0.18	—	—

注　需要微缩的图纸，不宜采用 0.18mm 及更细的线宽。

(2) 建筑给水排水工程建设制图，应选用表 5.4 所示的图线。

表 5.4　　　　　　　　　建筑给水排水专业常用的制图线型

名称	线型	线宽	用　途
粗实线	——————	b	新设计的各种排水和其他重力流管线
粗虚线	------------	b	新设计的各种排水和其他重力流管线的不可见轮廓线
中粗实线	——————	$0.7b$	新设计的各种给水和其他压力流管线；原有的各种排水和其他重力流管线
中粗虚线	------------	$0.7b$	新设计的各种给水和其他压力流管线原有的各种排水和其他重力流管线的不可见轮廓线
中实线	——————	$0.5b$	给水排水设备、零（附）件的可见轮廓线；总图中新建的建筑物和构筑物的可见轮廓线；原有的各种给水和其他压力流管线
中虚线	------------	$0.5b$	给水排水设备、零（附）件的不可见轮廓线；总图中新建的建筑物和构筑物的不可见轮廓线；原有的各种给水和其他压力流管线的不可见轮廓线
细实线	——————	$0.25b$	建筑的可见轮廓线；总图中原有的建筑物和构筑物的可见轮廓线，制图中的各种标注线

(3) 同一张图纸内，相同比例的各图样，应选用相同的线宽组。

(4) 图纸的图框和标题栏线，可采用表 5.5 中的线宽。

表 5.5　　　　　　　　　图纸图框线和标题栏线宽　　　　　　　　单位：mm

图纸幅面	图框线	标题栏外框线	标题栏分格线
A0、A1	1.4	0.7	0.35
A2、A3、A4	1.0	0.7	0.35

(5) 相互平行的图线，其间隙不宜小于其中的粗线宽度，且不宜小于 0.7m。

(6) 虚线、单点长划线或双点长划线的线段长度和间隔，宜各自相等。

(7) 单点长划线或双点长划线，当在较小图形中绘制有困难时，可用实线代替。

(8) 单点长划线或双点长划线的两端，不应是点。点划线与点划线交接或点划线与其他图线交接时，应是线段交接。

(9) 虚线与虚线交接或虚线与其他图线交接时，应是线段交接。虚线为实线的延长线时，不得与实线连接。

(10) 图线不得与文字、数字或符号重叠、混淆，不可避免时，应首先保证文字等的清晰。

4. 比例

由于排水工程以及构筑物各部分实际尺寸很大，而图纸尺寸有限，这就必须把实际尺寸加以缩小若干倍数后，才能绘在图纸上并加以注明。而图纸比例尺寸大小，以图纸上所反映构造物的需要而定，一般情况下采用以下比例：

(1) 排水系统总平面图比例为 1:2000 或 1:5000。

(2) 排水管道平面图比例为 1:500 或 1:1000。

(3) 排水管道纵断面图比例纵向为 1:50 或 1:100。

(4) 排水管道横断面图比例横向为 1:500 或 1:1000。

(5) 附属构筑物图比例为 1:20~1:100。

(6) 结构大样比例为 1:2~1:20。

5.1.2.2　常用图例

为了便于统一识别同一类型图纸所规定出统一的各种符号来表示图纸中反映的各种实际情况。

1. 地形图符号

在地形图中一般可分地物符号、地貌符号和注记符号三种。

(1) 地物符号。地面上铁路、道路、水渠、管道、房屋、桥梁等地物，在图上按比例缩小后标注出来，被称为比例符号。它反映地物尺寸、方向、位置。但有些地物按比例缩小后画不出来而且又很重要，如独立树木、水井、窑洞、路口等，只能标注位置、方向，不能反映出尺寸大小称为非比例符号。然而比例符号和非比例符号不是固定不变的，它们与图纸选用的比例大小有关，一般地物符号有下列数种，见表 5.6。

表 5.6　　　　　　　　　　地　物　符　号

类型	符号	类型	符号
三角点	△ 点号/标高	台阶	
导线点	⊙ 点号/标高	地下管道检查井	○
水准点	⊗ ⊠ 点号/标高	消火栓	
雨水口 平箅式	单 双 多	边坡	
雨水口 偏沟式	单 双 多	堤	
雨水口 联合式	单 双 多	地下管线：街道规划管线	
雨水口 平立结合式	单 双 多	地下管线：上水管道	
房屋建筑物		地下管线：污水管道	
临时建筑物		地下管线：雨水管道	
一般照明杆	○	地下管线：燃气管道	
高压电力杆		地下管线：热力管道	
铁路		地下管线：电信管道	
道路		地下管线：电力管道	
水渠		电缆：照明	
桥梁		电缆：电信	
窑洞		电缆：广播	
围墙		工业管道	—I—I—I—
临时围墙	—X—X—		

（2）地貌符号。表示地形起伏变化和地面自然状况的各种符号，一般有以下数种，见表 5.7。

表5.7　　　　　　　　　　　　　地　貌　符　号

类型	符　号	类型	符　号
一般土路		土埂	
人行小道		沟渠	
坟地		固然边坡	
土坡梯田		等高线	

（3）注记符号。在工程图上，用文字表示地名、专用名称等；用数字表示屋层层数、地势标高和等高线高程；用箭头表示水流方向等都称为注记符号。

2. 地形图图例

在地形图中图例一般分为建筑材料图例和排水附件图例。

（1）建筑材料图例。用以表示构筑物的材料结构情况，见表5.8。

表5.8　　　　　　　　　　　　　建　筑　材　料　图　例

类型	符　号	类型	符　号
素土夯实（密实土壤）		块石砌体	
级配砂石		碎石底层	
水泥混凝土		沥青路面	
砂土		砖、条石砌体	
石灰石		木材	
石材			

(2) 排水附件图例。

1) 管道图例见表5.9。

表5.9　　　　　　　　　　　　　管　道　图　例

名　称	图　例	名　称	图　例
污水管	—— W ——	压力雨水管	—— YY ——
压力污水管	—— YW ——	排水明沟	坡向 ——→
雨水管	—— Y ——	排水暗沟	坡向 ——→

2) 管道附件图例见表5.10。

表5.10　　　　　　　　　　　　管　道　附　件　图　例

序号	名　称	图　例	备　注
1	套管伸缩器		
2	方形伸缩器		
3	刚性防水套管		
4	柔性防水套管		
5	波纹管		
6	可曲挠橡胶接头		
7	管道固定支架		
8	管道滑动支架		
9	立管检查口		
10	清扫口	平面　　系统	

续表

序号	名 称	图 例	备 注
11	通气帽	成品　　铅丝球	
12	雨水斗	YD- 平面　　YD- 系统	
13	排水漏斗	平面　　系统	
14	圆形地漏		通用。如为无水封，地漏应加存水弯
15	方形地漏		
16	自动冲洗水箱		
17	挡墩		
18	减压孔板		
19	Y形除污器		
20	毛发聚集器	平面　　系统	
21	防回流污染止回阀		
22	吸气阀		

3）管道连接图例见表5.11。

表5.11 管 道 连 接 图 例

序号	名 称	图 例	备 注
1	法兰连接	⊢╢⊣	
2	承插连接	─⊃─	
3	活接头	⊢╫⊣	
4	管堵	⌐	
5	法兰堵盖	╢⊣	
6	弯折管	─○─	表示管道向后及向下弯转90°
7	三通连接	┼	
8	四通连接	┼	
9	盲板	┤	
10	管道丁字上接	─○─	
11	管道丁字下接	─○─	
12	管道交叉	─│─	在下方和后面的管道应断开

4）阀门图例见表5.12。

表5.12 阀 门 图 例

序号	名 称	图 例	备 注
1	闸阀	─▷◁─	
2	角阀	⊢•─	
3	三通阀	▷◁	

续表

序号	名　　称	图　　例	备　注
4	四通阀		
5	截止阀	DN≥50　　DN<50	
6	电动阀		
7	液动阀		
8	气动阀		
9	减压阀		左侧为高压端
10	旋塞阀	平面　　系统	
11	底阀		
12	球阀		
13	隔膜阀		
14	气开隔膜阀		
15	气闭隔膜阀		
16	温度调节阀		
17	压力调节阀		
18	电磁阀		
19	止回阀		

续表

序号	名　称	图　例	备　注
20	消声止回阀		
21	蝶阀		
22	弹簧安全阀		
23	平衡锤安全阀		
24	自动排气阀	平面　　系统	
25	浮球阀	平面　　系统	
26	延时自闭冲洗阀		
27	吸水喇叭口	平面　　系统	
28	疏水器		

5）排水构筑物图例见表5.13。

表5.13　　　　　　　　　　排水构筑物图例

名　称	图　例	备　注
雨水口		单口
		双口
阀门井 检查井		
水封井		

5.1 工程识图

115

续表

名　称	图　例	备　注
跌水井	⊘	
水表井	▶─	

6）仪表图例见表5.14。

表5.14　　　　　　　仪　表　图　例

序号	名　称	图　例	备　注
1	温度计		
2	压力表		
3	自动记录压力表		
4	压力控制器		
5	水表		
6	自动记录流量计		
7	转子流量计		
8	真空表		
9	温度传感器	----[T]----	
10	压力传感器	----[P]----	

续表

序号	名 称	图 例	备 注
11	pH值传感器	------[pH]------	
12	酸传感器	------[H]------	
13	碱传感器	------[Na]------	
14	余氯传感器	------[Cl]------	

5.1.3 排水工程识图

5.1.3.1 一般规定

（1）同一张图纸内绘制多个图纸时，布置要求宜符合下列规定：

1) 多个平面图时应按建筑层次由低层至高层、由下而上的顺序布置。

2) 既有平面图又有剖面图时，应按平面图在下、剖面图在上或在右的顺序布置。

3) 卫生间放大平面图，应按平面放大图在上，从左向右排列，相应的管道轴测图在下，从左向右布置。

4) 安装图和详图宜按索引编号，并按从上至下、由左向右的顺序布置。

5) 图纸目录、使用标准图目录、设计施工说明、图例和主要设备器材表，宜按自上而下、从左向右的顺序布置。

（2）每个图样均应在图样下方标注出图名，图名下应绘制一条中粗横线，长度应与图名长度相等，图样比例应标注在图名右下侧横线上侧处。

（3）图样中某些问题需要用文字说明时，应在图面的右下部用"附注"的形式书写，并应对说明内容分条进行编号。

5.1.3.2 排水工程识图

排水管道工程图一般有排水管网总平面图、排水管道纵断面图和排水管道横断面图。

1. 排水管网总平面图

初步设计阶段的管道平面图就是管道总体布置图，通常采用比例尺为1∶5000～1∶10000，图上有地形、地物、河流或指南针等。已有和设计的污水管道用粗线条表示，在管线上画出设计管段起讫点的检查井并编上号码，标出各设计管段的服务面积，可能设置的中途泵站、倒虹管及其他的特殊构筑物、污水处理厂和出水口等。初步设计的管道平面图中还应将主干管各设计管段的长度、管径和坡度在图上标明。此外，图上应有管道主要工程的工程项目表和说明。施工图阶段的管道平面图比例尺常用1∶1000～1∶5000，图上内容基本同初步设计，而要求更为详细确切。图5.19为某市污水管网初步设计平面布置图。

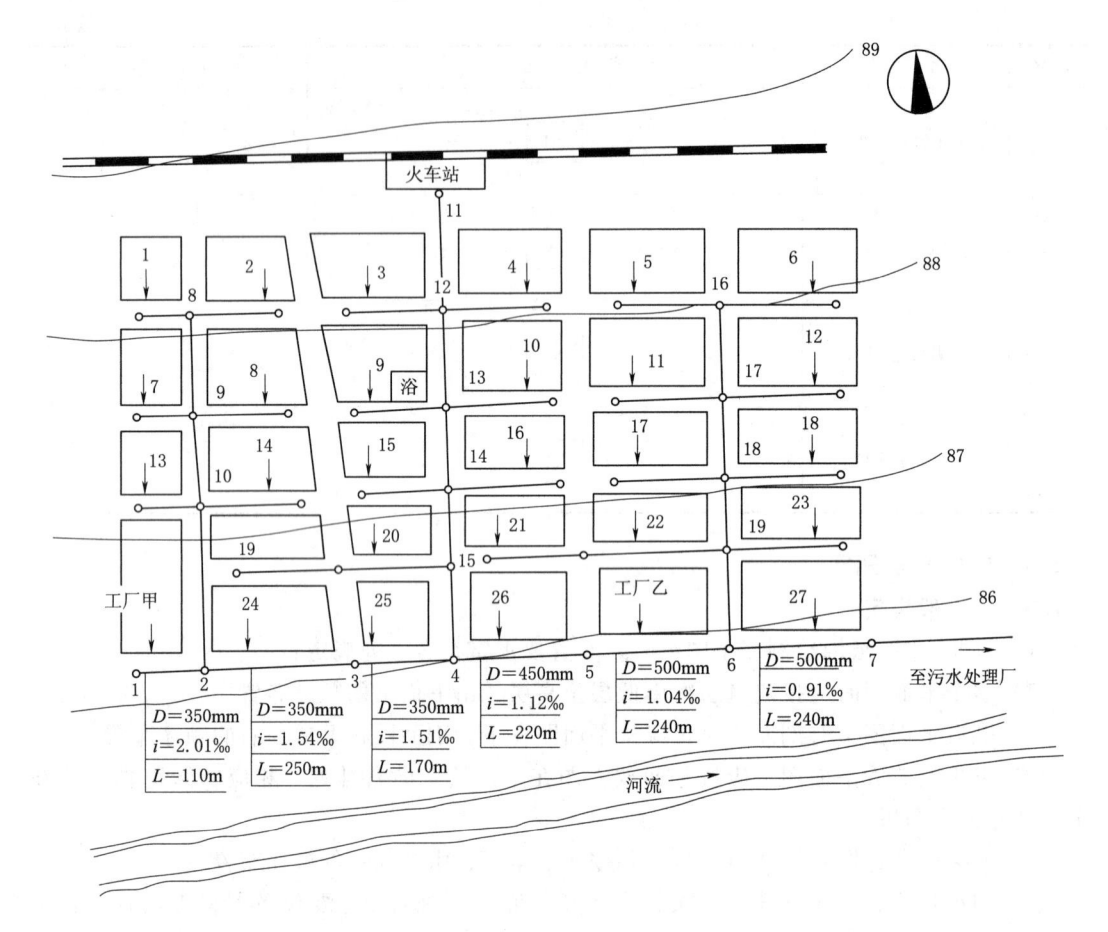

图 5.19　某市污水管网初步设计平面布置图

2. 排水管道的纵剖面图

排水管道的纵剖面图反映管道沿线的高程位置，它是和平面图相对应的，图上用单线条表示原地面高程线和设计地面高程线，用双竖线表示检查井，图中还应标出沿线支管接入处的位置、管径、高程；与其他地下管线、构筑物或障碍物交叉点的位置和高程；沿线地质钻孔位置和地质情况等。在剖面图的下方有一表格，表格中列有检查井号、管道长度、管径、坡度、地面高程、管内底高程、埋深、管道材料、接口形式和基础类型等。有时也将流量、流速、充满度等用数据标明。采用比例尺，一般横向1∶500～1∶2000，纵向1∶50～1∶200。对工程量较小，地形、地物较简单的污水管网，也可不绘制纵剖面图，只需要将管道的直径、坡度、长度、检查井的高程及交叉点等注明在平面图上即可。图5.20为某污水管网主干管初步设计的纵剖面图。

3. 排水管道横断面图

主要表示排水管道在城市街道上水平与垂直方向具体位置。反映排水管道同地上、地下各种建筑物和管线相对位置与相互关系的状况，以及排水管道合理布置的程度。

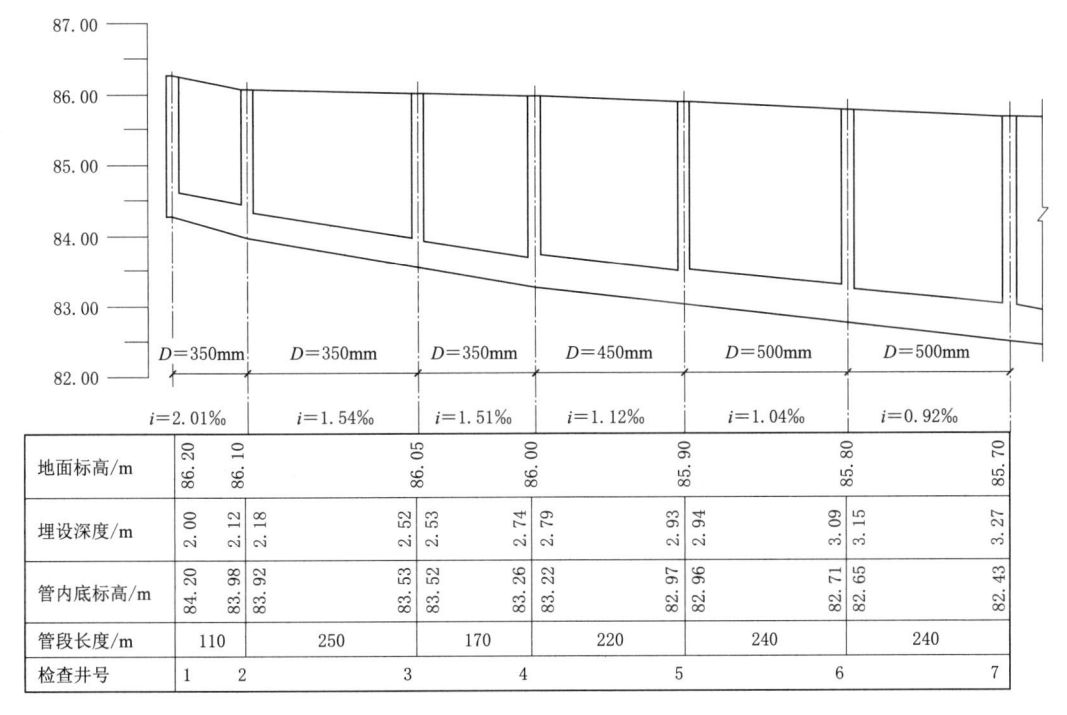

地面标高/m	86.20	86.10	86.05	86.00	85.90	85.80	85.70
埋设深度/m	2.00	2.12 2.18	2.52 2.53	2.74 2.79	2.93 2.94	3.09 3.15	3.27
管内底标高/m	84.20	83.98 83.92	83.53 83.52	83.26 83.22	82.97 82.96	82.71 82.65	82.43
管段长度/m	110	250	170	220	240	240	
检查井号	1	2	3	4	5	6	7

图 5.20 某污水管网主干管初步设计的纵剖面示意图

5.2 电 气 识 图

5.2.1 建筑电气施工图绘制原则

建筑电气施工图有如下绘制原则：

(1) 连接导线在电气图中使用非常多，在施工图中为了使表达的意义明确并且整齐美观，连接线应尽可能水平和垂直布置，并尽可能减少交叉。

(2) 导线的表示可以采用多线和单线的表示方法。每根导线均绘出为多线表示，如图5.21所示。

(3) 当用单线表示的多根导线中有导线离开或汇入时，一般可加一段短斜线来表示，如图5.22所示。

(4) 在建筑电气施工图中的电气元件和电气设备并不采用比例画其形状和尺寸，均采用图形符号进行绘制。

(5) 为了进一步对设计意图进行说明，在电气工程图上往往还有文字标注和文字说明，对设备的容量、安装方式、线路的敷设方法等进行补充说明。

5.2.2 电气施工图一般规定

5.2.2.1 电工设备文字符号

电工设备文字符号是用来标明系统图和原理图中设备、装置、元件及线路的名称、性能、作用、位置和安装方式的。

(a) 多线表示　　(b) 单线表示

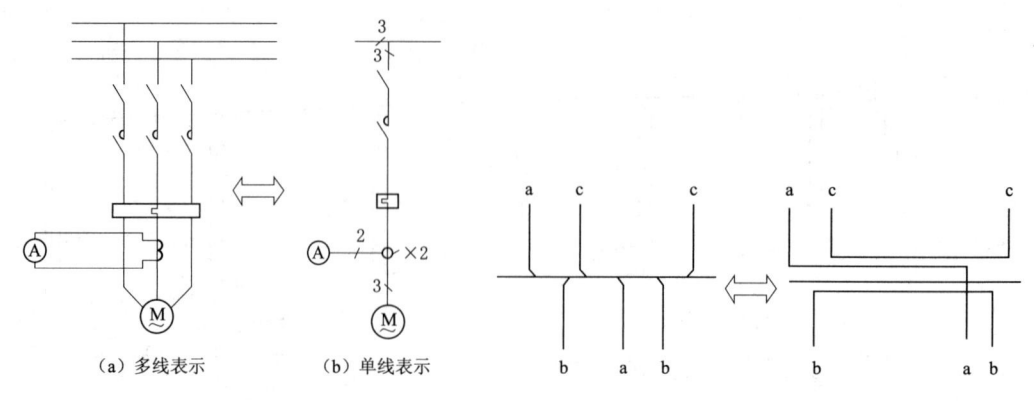

图 5.21　导线的表示方法

图 5.22　导线汇入或离开组线

文字符号除电阻"R"、电感"L"、电容"C"采用国际惯用的基本符号外，其余是国际惯用符号与我国汉字拼音字母混合使用。

文字符号的组合格式有以下两种。

(1) 第一种组合格式主要是用于电力工程图纸，以及电信工程图纸上的装置和设备，组合格式如下：

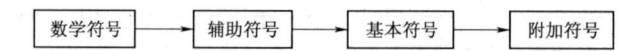

数学符号 → 辅助符号 → 基本符号 → 附加符号

例如：当有变压器数台时，为安装方便给它编号为1号变压器、2号变压器、3号变压器等，用组合符号表示就是1B、2B、3B等，1、2、3是数字符号，B是基本符号。又如，第五个联锁继电器的释放线圈，用组合格式表示为5LSJsf，其中：5代表第五个，为数字符号；LS代表联锁，为辅助符号；J代表继电器，为基本符号；sf代表释放线圈，为附加符号。

(2) 第二种组合格式，主要用于电信工程图上的元件。

格式颠倒过来，即附加符号、基本符号、辅助符号、数字符号。

5.2.2.2　电力平面图中标注文字符号的规定

表达线路敷设形式的代号见表5.15。

表 5.15　线路敷设形式代号

表达内容	新旧代号对照	
	英文代号（新）	汉语拼音代号（旧）
用PVC塑料管敷设	PVC	PVC
用塑制线槽敷设	PR	XC
用硬塑制管敷设	PC	VG
用焊接钢管敷设	C	G
用薄电线管敷设	TC	DG
用水煤气钢管敷设	SC	G

续表

表 达 内 容	新旧代号对照	
	英文代号（新）	汉语拼音代号（旧）
用金属线槽敷设	SR	GCR
桥架内敷设	CT	
用蛇皮管敷设	CP	
套接紧定式钢导管	JDG	

表达线路明、暗敷设部位的代号见表5.16。

表 5.16　　　　　　　　　　线路明、暗敷设部位代号

表 达 内 容	新旧代号对照	
	英文代号（新）	汉语拼音代号（旧）
明敷	E	M
暗敷	C	A
沿钢索敷设	SR	S
沿屋架或屋架下弦敷设	BE	LM
沿柱敷设	CLE	ZM
沿墙敷设	WE	QM
沿天棚敷设	CE	PM
在能进入的吊顶内敷设	ACE	PNM
暗敷在梁内	BC	LA
暗敷在柱内	CLC	ZA
暗敷在屋面内或顶板内	CC	PA
暗敷在地面或地板内	FC	DA
暗敷在不能进入人的吊顶内	AC	PNA
暗敷在墙内	WC	QA

5.2.2.3　电力设备符号的标注规定

常用电工物理量和单位符号及电工设备和文字符号见表5.17、表5.18。

表 5.17　　　　　　　　　　常用电工物理量和单位符号

物理量符号	物理量名称	单位名称	单位符号	物理量符号	物理量名称	单位名称	单位符号
I	电流	安培	A	U	电压	伏特	V
R	电阻	欧姆	Ω	L	电感	亨利	H
C	电容	法拉	F	X	电抗	欧姆	Ω
Z	阻抗	欧姆	Ω	P	有功功率	瓦特	W
S	视在功率	伏安	VA	Q	无功功率	乏	var

表 5.18　　　　　　　　　　常用电工设备和文字符号新旧对照表

设备名称	新符号	旧符号	设备名称	新符号	旧符号
发电机	G	F	变压器	T	B
发动机	M	D	电压互感器	TV	YH
电流互感器	TA	LH	接触器	KM	C
开关	Q	K	断路器	QF	DL
负荷开关	QL	FK	隔离开关	QS	GK
自动开关	ZK	ZK	控制开关	SA	KK
切换开关	SA	QK	熔断器	FU	RD
按钮	S	AN	电流继电器	KA	LJ
电压继电器	KV	YJ	信号继电器	KS	XJ
绿色信号灯	HG	LD	红色信号灯	HR	HD
黄色信号灯	HY	UD	闪光信号灯	SH	SD
信号灯	H	XD	整流器	U	ZL
避雷器	F	BL			

5.2.2.4 建筑电气系统的种类

从电能的供应、分配、输送和消耗使用的观点来看，全部建筑电气系统可分为供配电系统和用电系统两大类。而根据用电设备的特点和系统中所传送能量的类型，又可将用电系统分为建筑照明系统、建筑动力系统和建筑弱电系统三种。

1. 建筑供配电系统

接受电源输入电能，并进行检测、计量、变压等，然后向用户和用电设备分配电能的系统，称为供配电系统。

（1）电能的生产、输送和分配。

1）电能的生产、输送和分配过程，全部在动力系统中完成。

2）动力系统的组成。动力系统由发电厂、电力网和用电户三大环节组成。

（2）供配电系统。

1）供配电系统中的主要设备。除根据供电压与用电压是否一致而确定是否需要选用变压器外，根据供配电过程中输送电能、操作控制、检查计量、故障保护等不同要求，在变配电系统中一般有如下设备：

a. 输送电能设备。如母线、导线和绝缘子，三者是输送电能必不可少的设备，统称电气装置。

b. 通断电路设备。高电压、大功率采用断路器。低电压、中小功率采用自动空气开关等。

c. 检修指示设备。如高压隔离开关。

d. 计量用设备。如电压互感器和电流互感器。

e. 保护设备。如熔断器、避雷器等。

f. 功率因数改善设备。如电容器等。

g. 限制短路电流设备。如电抗器等。

2）配电柜。配电柜是用于成套安装供配电系统中受配电设备的定型柜，有统一的外形尺寸，分高压、低压配电柜两大类。按照供配电过程中功能要求的不同，选用不同标准接线方案。

2. 建筑电气照明系统

用电能转换为光能的电光源进行采光，以保证人们在建筑物内正常从事生产和生活活动，以及满足其他特殊需要的照明设施，称为建筑电气照明系统。

3. 建筑动力系统

应用可以将电能转换为机械能的电动机、拖动水泵、风机等机械设备运转，为整个建筑提供舒适、方便的生产、生活条件而设置的各种系统，统称动力系统。如供暖、通风、供水、排水、热水供应、运输系统等。维持这些系统工作的机械设备，如鼓风机、引风机、除渣机、上煤机、给水泵、排水泵、电梯等，全部是靠电动机拖动的。因此可以说，建筑动力系统实质上就是向电动机配电，以及对电动机进行控制的系统。

4. 建筑弱电系统

建筑电气中将电子技术用电系统（如：火灾自动报警系统、电话通信、闭路监控电视、共用天线电视与卫星电视接收、扩声与同声传译、公用建筑计算机经营管理、楼宇自动化系统、综合布线等）称为弱电系统。

第6章

泵站自动化管理知识

6.1 泵站自动控制系统

泵站自动控制系统是指利用计算机技术对泵站的设备运行进行自动监测、自动控制、自动调节；对运行数据进行自动处理、自动记录、自动显示；对设备运行中出现的异常情况和事故自动报警、自动切除；进行远距离数据通信，以及系统自我诊断等内容的管理，以取代传统的人工管理，提高工作效率，增大系统运行的可靠性。

6.1.1 基本规定

（1）城市排水泵站应设置自动化系统。城市排水泵站自动化系统应满足泵站的运行及管理要求，体现以人为本、节能高效、绿色环保、可持续发展的理念。自动化系统应采用先进、成熟的技术，并具有实用性、兼容性、可扩展性和一定的前瞻性，符合标准化、开放性的原则，能安全、稳定、连续地运行，便于使用和维护。

（2）新建、扩建、改建泵站应建设就地控制站，同时根据泵站所在管辖范围的上级管理部门的现行管理架构，统筹考虑建设区域监控中心或接入现状区或监控中心。

（3）自动化运行控制系统应能够监视与控制全部工艺过程及其相关设备运行，能够监视供电系统设备的运行，并应具有信息收集、处理、控制管理和安全保护功能。

（4）地下设施配置的排水泵房应视为特别重要的排水设施，应保障其安全有效运行。

（5）自动化系统及其设备应能安全、可靠、高效、稳定运行，且便于使用和维护。

（6）自动化系统的效能应满足生产工艺和生产能力要求，并应满足维护或故障情况下的生产能力要求。

（7）自动化系统应能为突发事件情况下所采取的各项应对措施提供保障。

（8）自动化系统应采用节能环保型设备，在安装、运行和维护过程中均不得对工作人员的健康或周边环境造成伤害。

（9）自动化系统设备应具有安全的电气和电磁运行环境，所采用的设备不应对周边电气和电磁环境的安全和稳定构成损害。

（10）自动化系统设备的工作环境应满足其长期安全稳定运行和进行常规维护的要求。

（11）设置于地下的自动化系统设备机房应采取可防止水淹的工程措施。

（12）排水泵站必须设置完善、可靠的自动化系统和安防报警系统，应能在区域监控中心进行远程的运行监视、控制、报警与管理。

（13）自动化系统设备的防护等级应符合表6.1的要求。

（14）存在或可能积聚毒性、爆炸性、腐蚀性气体的场所，应设置连续的监测和报警装置，该场所的通风、防护、照明设备应能在安全位置进行控制。

（15）安装于潮湿环境的自动化设备应采取防潮防凝露措施。

（16）排水泵站应配置通信系统设备，满足日常生产管理和应急通信的需要。

（17）自动化系统的网络安全建设应同步设计、同步实施、同步使用，其防护要求应符合现行国家标准。

表 6.1　　　　　　　　　自动化系统设备的防护等级要求

设 备 类 型	室内	室外	短期淹水	潜水或直接接触污水、污泥（含室外监测井或设备井内安装）
自动化系统控制柜、仪表箱	IP44	IP55	—	—
传感器、变送器	IP54	IP65	IP67	IP68

注　传感器防护等级与探测原理相冲突时，应首先满足探测原理的要求。

6.1.2　自动化系统要求

6.1.2.1　一般要求

（1）城市排水泵站设置的水质、水量检测仪表应满足城市水环境和水处理工艺的要求。

（2）地下排水泵站的工作场所必须设置环境监测和控制系统。

（3）泵站的自动化系统，操作界面宜采用彩色触控显示屏或平板式工业计算机安装在控制机柜面板上，能够进行系统检查和就地操控。

（4）泵站应设置远程监控接口，连接区域监控系统，实现排水系统设施的联网运行。暂未明确联网运行方案的泵站，其自动化系统应预留远程监控接口。

（5）泵站自动化系统与区域监控系统之间的联网数据通信应稳定可靠，应优先利用公共通信资源组建专用网络，并配置备用通信通道。

（6）泵站内自动化系统与上级管理部门的接口应满足对应管理平台的协议及通信要求。

（7）自动化运行控制系统宜集成电力监控系统的功能，实现对供配电系统设备的运行监视、控制和管理。

6.1.2.2　系统构成

（1）大型及特大型排水泵站应设置中央控制室集中监视和控制泵站的运行，采用具有信息层、控制层和设备层三层结构的泵站自动化运行控制系统，并应符合下列规定：

1）信息层系统应部署在中央控制室，宜采用 C/S 体系结构，并宜设置外部浏览器访问接口。

2）中央控制室应设置操作员工作站控制泵站运行，可按运行管理的需要设置大屏显示器。

3）控制层系统可包括多台负责局部控制的就地控制站，以主/从、对等或混合结构的方式连接到信息层系统。

4）设备层系统宜采用数字通信网络或采用硬线电缆连接检测仪表和设备控制箱。

（2）中小型排水泵站自动化运行控制系统可采用控制层和设备层两层结构，并宜符合下列规定：

1）控制层系统设备宜集中安装在一台控制机柜内，采用设在控制机柜面板上的触控显示屏或布置在值班室的控制台计算机控制泵站运行。

2）设备层系统宜采用数字通信网络或采用硬线电缆连接检测仪表和设备控制箱。

（3）简单的小型泵站可采用专用的水泵控制器，实现泵站的自动液位控制。

6.1.2.3 系统功能

（1）自动化运行控制系统接受区域监控中心的远程控制时，应具有通信、数据采集及上报等功能，能够按区域控制中心的要求控制设备运行。

（2）上报至区域监控中心的数据应按下列条件采集、记录和发送，每条数据均应有时间标记：

1）开关量状态变化。

2）模拟量数据变化超越设定死区。

3）阈值报警和恢复。

（3）自动化系统应能够按照设定目标对泵站内设备实施自动控制，并符合下列要求：

1）对主水泵进行自动控制，使前池水位、出水池或出水高位井水位均符合设定要求。

2）对格栅除污机及其关联的输送机、压榨机进行自动控制，使格栅前后水位差符合设定要求。

3）对电动闸门、闸阀、阀门等进行自动控制，使其符合水泵启动条件和节能运行的要求。

4）对除臭装置、空气净化设备进行自动控制，使泵站周边的空气质量符合环保要求。

5）对泵房通风设备进行自动控制，使泵房工作环境符合卫生要求。

6）对泵房排水设备进行自动控制，使积水井水位处于正常范围内。

7）对大型水泵的辅助运行设备进行自动控制，以满足水泵安全运行条件。

8）对其他与工艺设施运行有关的设备进行自动控制，以满足排水泵站运行的各项工艺要求。

（4）就地控制站应具有下列功能：

1）显示就地设备平面布置图、工艺流程图、高程图、设备运行状态和工艺参数检测数据。

2）显示相关供配电系统、开关状态。

3）显示设备运行与工艺参数、运行参数的相互关系。提供就地自动化运行控制与保护。

4）可查询设备的详细属性数据，对设备进行手动操作。

5）显示当前正在报警的设备和报警内容。

6）设定自动化运行的控制参数。

7）手动、自动、远程控制方式的转换。

（5）中央控制室应具有下列功能：

1）具有与本系统区域监控中心通信的功能。

2）能通过操作终端等设备监视和控制生产全过程。

3) 能显示平面布置图、工艺流程图、高程图、设备运行状态和工艺参数检测数据。

4) 能显示供配电系统配置图、开关状态。

5) 宜采用组合式显示屏，综合显示全部流程、生产过程数据、视频图像、安防报警等信息。

6) 能通过分布的就地控制站对管辖范围内的生产过程进行调节。

7) 具有运行参数统计、数据存储、设备管理、报表等运行管理功能。

8) 具有远程手动、自动两种控制方式。

9) 具有声光报警装置。

（6）当泵站运行或设备出现异常时，自动化系统应立即响应，发出声和光的报警提示信号。声报警可在人工确认后消除，光报警在泵站或设备运行恢复正常时自动消除。

（7）泵站自动化系统应根据管理需求提供运行数据统计与查询、设备维护、报表等功能，并配置相关设备。

（8）排水泵站应具有运行数据存储和延期传输的功能。当泵站独立运行时，应具有1年数据的存储能力；当泵站联网运行时，应具有30天数据的存储能力。

（9）排水泵站的数据存储宜利用本地数据服务器进行存储，存储数据的格式应满足上级管理部门平台的数据接入要求。

（10）排水泵站宜设置基于智能手机应用或手机短消息的在线查询和告警系统，能够及时将重要设备的运行变化情况和重大报警信息传送到相关责任人。

6.1.2.4 系统硬件和软件

1. 硬件

（1）硬件系统宜采用模块式结构、分层分布式结构，系统监测、控制、保护模块之间既相互独立又相互联系。应具有以太网、现场总线、远程I/O连接、远程通信接口，具有自检和故障诊断能力。

（2）系统硬件选型应采用工业级设备，支持标准的接口和开放现场总线协议的设备，应充分考虑其可靠性、先进性和可扩充性。

（3）控制系统应具有不少于20%的备用输入、输出端口及完整的配线和连接端子。

（4）自动化控制系统应采用UPS电源，且UPS电源应由可靠的市电电源供电。后备电池供电的持续时间不应小于60min。UPS电源的供电范围应包括控制室计算机及其网络系统设备、通信设备、控制装置及其接口设备、检测仪表和报警设备。

（5）控制室及控制设备机房的室内温度应在18~28℃，相对湿度应在40%~75%。

2. 软件

（1）自动化系统软件应采用商品化的软件系统，包括系统软件、通信软件、应用软件和二次开发所需的软件。

（2）监控操作界面的应用软件应包括下列功能：

1) 采用图形化、分层分类的显示和控制方式。

2) 操作权限从主控—分控—本地依次升高，设置权限从主控—分控—本地依次降低。

3) 提供操作提示和帮助信息。

4) 分层分类的显示内容包括总平面布置图、局部平面布置图、剖面图、操作流程模拟图、动态工艺流程图、动态电气接线图、工艺参数、液位监测值、机电设备运行工况、附属设备运行状态、报警信息等。

5) 图形化版面布局应形象、明了，与工艺布局一致；图形符号和文字标识应便于识别，容易理解；操作简洁，颜色统一。

6) 从顶层画面进入所选设备控制或查询画面的层数不宜超过3层。

7) 从平面图或流程图上选中某一设备时，可对该设备进行操作，或进一步查询该设备的详细属性数据。

8) 能够选择设备的控制方式，手动控制设备的运行，设定设备运行参数。

9) 能以不同的形态和颜色表示各类工艺设备及其运行状态。

（3）在操作界面上进行设备的手动控制时，应遵循一次操作只针对一台设备的一个动作，经提示和确认后执行的原则。在事先编制了相关设备的联动和连锁逻辑，并且满足自动运行条件的情况下，一次操作可针对一组设备的一套动作。

（4）本地控制软件应具备二次开发功能。自动化控制系统工作站、服务器等设备均应安装安全防护软件。

（5）自动控制系统应能够采集泵站运行各种参数、各终端电气设备状态以及各接口设备状态，保存至实时数据库及历史数据库，统计分析汇总，并具有在线查询、统计、编辑、打印等功能并与区域监控系统联网操作。

（6）日常的数据信息管理应包括：数据统计，日报表、周报表、月报表、年报表等；事件/事故记录；操作记录；设备运行记录表；及各类数据查询、综合分析。

（7）宜建立泵站设备监控系统；提供设备运行情况的在线监测及诊断，实现设备检修全过程信息化管理，为设备维护检修提供数据基础。

（8）自动控制系统应能响应相关事件监测系统的报警并执行联动控制程序。

（9）排水泵站的运行监视和控制应采用图形化显示和操作界面，能够分层、分类、分区域显示泵站总图、工艺流程各种工艺参数和所有机电设备的运行状态及其报警，能够手动和自动控制设备的运行。

6.1.2.5 信息化、智能化

1. 一般规定

（1）排水泵站宜设置信息化系统和智能化系统。

（2）排水泵站的信息化、智能化系统宜作为节点工程纳入区域排水网络智慧化系统建设中。

2. 信息化

（1）信息化系统应根据生产管理、运营维护等要求确定，分为信息设施系统和生产管理信息平台。生产管理信息平台宜具有移动终端访问功能。

（2）排水泵站进行信息设施系统建设时，应符合下列规定：①宜结合智能化需求设置无线网络通信系统；②可根据运行管理需求设置无线对讲系统、广播系统；③地下室排水泵站可设置移动通信室内信号覆盖系统。

（3）信息化系统应采取工业控制网络信息安全防护措施。

（4）泵站信息化系统应结合周边排水管网的智慧水务建设情况及流域建设情况统筹考

虑，并预留对应数据接口。

3. 智能化

（1）智能化系统应根据工程规模、运营保护和管理要求等确定。

（2）智能化系统宜分为安全防范系统、智能化应用系统和智能化集成平台。

（3）智能化系统宜在排水泵站工程运用智能化检测、巡检手段，减少人员劳动强度，保障人身安全。

（4）排水泵站宜设置智能化集成平台，对智能化各组成系统进行集成，并具有信息采集、数据通信、综合分析处理和可视化展现等功能。

（5）排水泵站应配置声音报警、视觉警告、危险警示、语言指示、消息推送等信息化警示、联络设备，以确保值班操作人员能清晰、准确接收调度指挥信息、设备故障信息、环境危险信息等。

6.1.3 自动化控制系统管理

6.1.3.1 水泵机组自动化控制系统管理

（1）对水泵机组进行操作前，应核对现场状态与泵站自动化系统监控界面各类设备状态显示是否一致，确定有无故障报警，具体如下：

1）应确认各种仪表显示正常、稳定，数据变化在规定范围内。

2）应确认进出水闸门、阀门开启状态。

3）应确认格栅除污机、输送机、压榨机开启状态。

4）应确认进水格栅前后水位差情况。

（2）泵站自动化系统应根据进水液位变化和工艺运行情况调节水泵运行数量。

（3）水泵运行中，应通过自动化系统监控界面确认机组状态是否正常，有无故障报警，具体如下：

1）应确认各种仪表显示正常、稳定。

2）应确认水泵运行状态信号正常，水泵机组的电流、电压、频率、转速、出口压力、温度等运行参数在规定阈值内且无陡增陡减。

（4）水泵机组在启动及运行过程中，出现故障报警或操作延时等报警信号时，应立即停止，查明原因并排除后，可继续执行操作。

6.1.3.2 辅助设施运行管理

（1）辅助设施进行操作前，需现场检查确认设备是否具备正常运行条件；应通过自动化系统监控界面确认其启闭状态及开度参数显示是否正常可靠，确认有无故障报警。

（2）对闸门或阀门进行操作时，应根据进出水池液位和工艺运行情况对闸门或阀门启闭程度进行调节。

（3）通风设备、除臭装置、空气净化设备等，应按照泵站自动化系统的设定阈值启动。

（4）通过泵站自动化系统对辅助设施进行操作过程中，出现故障报警或操作延时等报警信号时，其运行应立即停止，位置保持不变，应查明原因并排除后，方可继续执行操作。

6.2 自动监控系统

6.2.1 区域监测中心

6.2.1.1 功能要求

区域监控中心应包括以下功能：

(1) 采集各远程设施的运行数据和设备状态。

(2) 主要运行参数的监视和越限报警，主要设备的运行监视和故障报警。

(3) 采集和管理区域排水管道状态信息。

(4) 建立和管理排水信息数据库。

(5) 通过就地控制系统实施远程设备的直接控制和管理。

(6) 泵站运行模式的切换和排水管渠的调度。

(7) 事故预警、紧急事件处置、应急响应、预案管理和执行。

(8) 按相关管理部门的要求上报系统运行数据和设施状态信息。

(9) 通过连接其他相关信息系统，实现数据信息共享、防灾预警和突发事件情况下的运作协调；运行维护资料管理，应包括下列内容：①各泵站设施设备的安装、使用和维护保养等技术资料；②运行维护计划、巡查记录、检查检测记录、维修保养记录、监测数据、监控录像、值班记录等管理资料；③应急预案、应急处置记录、事故信息资料等。

(10) 应能实现管辖范围内的大数据管理、互联网应用、移动终端应用、地理信息查询、决策咨询、设备监控、应急预警和信息发布等功能。

6.2.1.2 软件要求

(1) 操作系统应采用中文版本，界面具备显示和控制功能，应设置操作权限、时间校正等功能，并具有开发的软件接口。

(2) 数据库系统应具有面向对象、时间驱动和分布处理的特征，具有开发的标准的外部数据接口，能与其他控制软件和数据库交换数据。

6.2.2 自动监测技术

6.2.2.1 一般要求

排水泵站的自动化系统配置宜符合表 6.2 的规定。各类型泵站均应满足基本配置要求，污水泵站、雨污合流泵站、地道泵站及特大型、大型雨水泵站宜满足扩展配置的要求。

泵站运行监控具体包括下列内容（无所列设备时忽略）：

(1) 水位监测：前池液位和超高、超低液位报警；非压力井形式的出水池液位和超高液位报警；排放口液位。

(2) 水泵工况监测：大型管道水泵的进水压力、出水压力；水泵运行状态和故障报警；潜水泵渗漏报警；立式水泵三相定子温度、轴承温度；振动监测（大型泵组选项）；冷却水温度以及润滑、液压等辅助系统的监视和报警（大型泵组选项）；水泵反转报警（防止水泵反转要求选项）。水泵具体检测参数以实际泵型为准。

6.2 自动监控系统

表 6.2　　自 动 监 测 内 容

项目分类	监 控 项 目	基本配置要求	扩展配置要求
主体运行部分	水位监测（前池液位、超高液位、超低液位报警）	√	
	水泵工况监测	√	
	格栅、压榨机、闸门等主要设备监测	√	
	流量监测	√	
	水质监测	√	
	降水监测		√
	电力监控系统	√	
	能耗监测系统		√
	主要设备就地控制（水泵、格栅、压榨机、闸门）	√	
	主要设备远程监测和控制（区域中心控制）		√
辅助部分	环境监测（温湿度、有毒气体等）	√	
	安防系统	√	
	环境设备监测和控制（通风设备控制；除臭装置、空气净化设备控制）		√
	其他辅助设备控制（集水井排水、水泵辅助设备）		√

注　泵站配置需求还应结合泵站重要性统筹考虑，当泵站自动化系统无法运行会导致重大政治、经济影响或造成重大经济损失时，应提高泵站自动化系统设计标准。

（3）格栅、压榨机、闸门等主要设备监测：格栅前后液位差；格栅除污机、输送机、压榨机的运行状态和故障报警；电动闸门、阀门的位置、运行状态和故障报警。

（4）流量监测：瞬时流量和累积流量。

（5）水质监测：水质监测数据（按城市水环境和环保要求选项）。

（6）降水监测：降水观测数据（雨水泵站选项）。

（7）电力监控系统：各主要供电回路及用电设备状态；UPS 电源设备状态及报警。

（8）环境监测：有毒有害气体浓度和报警。

（9）工作环境监测数据：温度、湿度、氧气浓度、有毒有害气体浓度、通风、排水设备监控等（地下泵站或特殊要求选项）。

6.2.2.2　主要监测内容

1. 水位监测

（1）液位监测宜结合现场采样环境及运行工况，选用超声波液位计、雷达式液位计等监测设备。

（2）需要在现场读取液位监测值时，宜采用分体式液位计，设置显示器。

（3）液位计的探测方向应与被测液面垂直，探测范围内不应存在障碍物。

（4）泵站格栅井需同时监测液位和液位差时，宜采用能同时输出液位值、液位差值的液位差计，液位差计的 2 台传感器应安装在同一基准面上，且测量量程、测量精度一致。

（5）液位表示单位应为 m。基准高程应与工艺流程图一致，液位差应采用 m 或 mm 表示。

131

(6) 液位计的监测误差应小于满量程的 0.3%。液位差计的监测误差应小于满量程的 0.2%。

2. 水泵监测

(1) 应对水泵机组运行工况及相关参数信号进行采集。信号采集位置宜在水泵机组控制箱内接线端子处。

(2) 现场采集信号触点不满足实际使用情况时，应采用中间继电器进行无源触点拓展。

3. 格栅、除污机、压榨机、闸门等设施监测

(1) 闸门、阀门的开度等工况及过扭矩等故障信号的监测应以图形或文字方式显示在泵站自动化系统的操作界面上。

(2) 应对格栅除污机的定时、格栅前后液位差两种模式分别监测。

(3) 格栅除污机、输送机、压榨机的工况及故障信号的监测应以图形或文字方式显示在泵站自动化系统的操作界面上。

(4) 应按照工艺流程要求对格栅除污机、输送机、压榨机的启停顺序进行监测。

4. 流量监测

(1) 排水泵站应设置流量计用于泵站进出水量计量。

(2) 电磁流量计宜采用水平安装方式，如现场无法满足，采用垂直安装的电磁流量计应能识别空管状态，空管时应能自动切除非正常的输出信号。

(3) 流量计宜采用 AC220V 供电，供电电缆和信号电缆应分别敷设。电磁流量计传感器应设置独立的工作接地，其附近不应存在强磁场，传感器两个电极的中心轴线应处于水平位置。

(4) 流量、液体流量监测应符合下列规定：

1) 管道流量监测宜采用具有标准管段的电磁流量计或超声波流量计。

2) 计量管段前后的直管段长度应满足流量计产品的技术要求。

3) 流量计工作时，传感器及其前后直管段应充满被测介质（满管），且不应有气泡聚集。

4) 流量计应提供瞬时流量和累积流量输出，瞬时流量单位为 m^3/s，累积流量单位为 m^3 或 km^3。

5. 水质监测

(1) 水质监测数据及超标数据报警信号可以图形或文字方式显示在泵站自动化系统的操作界面上。

(2) 在线水质监测应满足相关国家级地方标准的要求。

第7章

排水泵站运行维护

7.1 排水泵站主体设备运行维护

7.1.1 水泵机组运行维护

7.1.1.1 水泵机组运行前的检查

为了保证水泵机组的安全运行，水泵启动前应对机组做全面仔细的检查，以便发现问题并及时处理。长期停用或大修后的机组在投入正式作业前，还应进行试运行。主要检查内容如下。

1. 前池和管道部分的检查

（1）在静水压力下，检查检修闸门的启闭情况；检查其密封性和可靠性。

（2）检查前池是否淤积，并清除池水面的漂浮物，以防开机后漂浮物被吸进水泵堵塞流道或破坏叶轮。

（3）检查管道支承、管体的完整性以及安全保护设施等情况。

（4）检查流道内是否有残存物，表面是否光滑无损，并着重检查流道的密封性。

（5）检查管道上的阀门启闭是否灵活，并按要求打开或关闭各有关阀门。

2. 水泵部分的检查

（1）检查水泵和动力机的地脚螺栓以及其他连接螺栓是否松动和脱落。

（2）盘动联轴器（或皮带轮），检查机组转动是否灵活轻便，泵内是否有不正常的响声和异物。

（3）检查填料压盖的松紧程度是否合适。

（4）检查转轮间隙，并做好记录。转轮间隙力求相等，否则易造成机组径向振动和汽蚀。

（5）全调节泵要作叶片角度调节试验，检查其灵敏度及回复杆最大行桯是否符合设计要求和调节装置渗漏油情况。

（6）做技术供水充水试验，检查水封渗漏是否符合规定，油轴承或橡胶轴承通水冷却或润滑情况。

（7）检查油轴承转动油盆油位及轴承密封的密封性。

3. 电动机部分的检查

（1）检查电动机空气间隙。用白布条或薄竹（木、塑料）片拉扫，防止杂物，特别是金属导电物掉入气隙内，造成卡阻或电动机短路。

（2）检查转动部分螺栓、螺母类零件是否完全紧固，以防运行时受振松动，造成事故。

（3）检查制动系统手动、自动的灵活性、可靠性，复归是否符合要求；顶起转子3~5mm（视不同机组而定），使机组转动部分与固定部分不相接触。

（4）检查转子、下风扇的角度是否一致，以保证电动机本身能提供最大冷却风量。

（5）检查推力轴承及导轴承润滑油位是否符合规定。

（6）送冷却水，检查冷却器的密封性和示流信号器动作的可靠性。

（7）检查碳刷与刷环接触的密合性、刷环的清洁程度及碳刷在刷盒内动作的灵活性。

（8）检查电动机的相序，其转向和水泵的转向是否一致。

（9）检查电动机一次设备的绝缘电阻，做好记录并记下测量时的环境温度、湿度。

（10）检查核对电气接线，对一次和二次回路作模拟操作，并整定好各项电气参数。关于电动机及其配电设备的电气试验，按电气规范进行。

4. 辅助设备的检查与试运行

（1）检查油压槽、回油箱及贮油槽油位，同时试验液位计动作反应的正确性。

（2）检查和调整油、气、水系统的信号元件及执行元件动作的可靠性。

（3）检查所有压力表计（包括真空压力表计）、液位计、温度计等反应的正确性。

（4）逐一对辅助设备进行单机运行操作，再进行联合运行操作，检查全系统的协联关系和各自的运行特点。

7.1.1.2 水泵机组启动前的操作

1. 机组空载试运行

上述检查合格后，即可进行启动。第一次启动应用手动方式进行，一开始就进行负载运行是危险的。现地控制一般都是空载启动，这样既符合试运行程序，又符合安全要求。空载启动是检查转动部件与固定部件是否有碰磨，轴承温度是否稳定，摆度、振动是否合格，各种表计是否正常，油、气、水管路及接头、阀门等处是否渗漏，测定电动机启动特性等有关参数。对试运行中发现的问题要及时处理。待上述各项测试工作均已完成后，即可停机。停机可用自动操作方式进行。

2. 水泵机组的启动

离心泵在抽真空充水前应将出水管路上的闸阀关闭。在充水后应把抽气孔或灌水装置的阀门关闭，同时启动动力机。待达到额定转速后，旋开真空表的阀门，观察指针位置是否正常。如无异常现象，可将出水管路上的闸阀打开并尽快开到最大位置，完成整个启动过程。开启闸阀的时间要尽量短，一般最多不超过3~5min，否则将引起泵内发热而使泵的零部件损坏。当水泵出口装有压力表时，启动前应将其关闭，出水正常后再将其打开，以免当闸阀关死时，泵内的压力超过表的量程而将压力表损坏。

离心泵要关闸启动。这是因为电动机启动电流一般可达额定电流值4~7倍。为了安全运行起见，必须设法使电动机在轻载情况下启动，待它进入正常运行后，再把负载增加到额定数值。从离心泵的流量-轴功率曲线可知，离心泵关闸启动所需的功率，一般为额定功率的1/3左右。所以离心泵关闸启动，对整个机组启动是有利的。

混流泵的流量-轴功率曲线与离心泵不同，所以启动时不需要关闸。一般只在抽真空充水时，才把管路闸阀或拍门关闭。

立式（斜式）轴流泵的启动方式因出水流道不同而异。采用虹吸式出水流道的立式轴流泵，常规的启动方法要求在启动前要对出水流道抽气充水。但据江苏省江都抽水站介绍，多年前他们在江都三站（虹吸式出水流道）试用不抽气启动（进出水池水位差不大于5m），并且取得成功（停机时仍需打开真空破坏阀以切断水流）。除虹吸式流道外，立式（斜式）轴流泵启动比较简单容易。在检查及准备工作做完后，只要加水润滑上橡胶轴承即可启动运转，待水泵出水后不再加水，靠它自身的压力水润滑。

7.1.1.3　水泵机组运行与维护

1. 机组运行操作方式

在给水排水系统中，水泵机组的运行方式是决定水系统管理方式的重要因素。而水系统的总体管理方式又对水泵机组的运行方式给予一定的制约。一般是根据水泵机组的规模、使用目的、使用条件及使用的频繁程度等确定运行操作方式，使水泵机组安全可靠而又经济地运行。

运行操作方式一般分为现地操作（手动操作）和自动操作两大类。

（1）现地操作。

1）单独操作。单独操作是指在运行操作时，主机与辅助设备的操作无关，由操作人员一边单独地分别进行操作，一边检查和确认各设备的动作情况。这种方式一般用于规模小、装机台数不多的泵站。但在自动化程度不高或自动化难以保证的情况下，不少大、中型泵站也都采用手动单台主辅机分别操作的方式，主机也在机房操作盘上操作。

2）连动操作。连动操作是指主机、阀、辅助设备等只进行一次操作，各设备可按程序连续动作的操作方式。各设备的动作之间应配备必要的相互连锁的保护电路。

（2）自动操作。自动操作是指由自动监控装置根据运行状态的要求发出指令，自动进行开机或停机等。

2. 机组运行中的监视与维护

在水泵运行过程中，值班人员应注意以下事项：

（1）注意机组有无不正常的响声和振动。水泵在正常运行时，机组平稳、声音正常连续而不间断。不正常的响声和振动往往是故障发生的前兆。遇此情况，应立即停机检查，排除隐患。

（2）注意轴承温度和油量的检查。水泵运行中应经常用温度表或半导体点温计测量轴承的温度，并查看润滑油是否足够。一般滑动轴承的最大容许温度为70℃，滚动轴承的最大允许温度为95℃。在实际工作中，如没有温度表或半导体点温计，也可以用手触摸轴承座，如果感到烫手时，说明温度过高，必须停机检查。

轴承内的润滑油脂要注意定期更换。对于用机油润滑的轴承，每运行500h应更换1次；用黄油润滑的滚动轴承，每运行1500h后也应更换新黄油。更换时，应将轴承用汽油清洗干净后再加新油。水泵轴承一般采用钙基润滑脂，它不溶于水，但不能耐高温。电动机轴承一般用钠基（Y系列电动机采用锂基）润滑脂，它能耐高温（可达125℃），但易溶于水。所以两种牌号不能用错。

轴承内的润滑油量要适中，油脂添得太多，使轴承旋转部分和油脂间产生摩擦而发热；如果油脂供应量不足，滚珠和滚道之间不能形成油膜，会因摩擦加剧而发热。根据经验，润滑油一般加至轴承箱的1/2~2/3为宜。对于用机油润滑的轴承，油量要加到油标尺所规定的位置。

（3）检查动力机的温度。如果温度过高，必须立即停机检查。

（4）注意仪表指针的变化。一般泵站都装有电流表、电压表和功率表，有的泵站还装有真空表和压力表。在运行正常的情况下，仪表指针应基本稳定在个位置上。如仪表指针有剧烈变化和跳动，应立即查明原因。对电动机，应注意电流表的读数是否超出额定值。一般不允许电动机长期超载运行。

（5）填料函外的压盖要松紧适度，所用的填料要符合要求。填料装配时，要一圈一圈地放入，一般用5~6圈，不能太少或太多。对于离心泵，还要求水封环对准水封管的开口。压盖不可过紧或过松，过紧时会增加磨损，消耗功率，严重时还会发热烧损填料和泵轴；过松时会使漏水量增大，或使空气进入泵内，影响水泵正常运行。卧式水泵压盖法兰上面的小孔，安装时要注意向下，以便使漏出的水从孔中流走。

（6）注意防止水泵过流断面发生汽蚀。水泵发生汽蚀，除本身的特性、过流断面的材料和制造工艺水平外，水质、运行工况和检修方式等外部因素也都有直接影响。含泥沙的水流，对水泵既产生磨损，又加剧了汽蚀。同时水泵在低负荷或超负荷运行时，都会引起汽蚀破坏。在运行中，应注意进水位的变化，如进水池水位低于最低设计水位，水泵应停止工作，以免发生汽蚀，损坏叶轮和其他零部件；注意调整进水流态，使进水池的水流平稳均匀，不产生漩涡，避免水中夹气进入叶轮，引起汽蚀。对轴流泵可调整叶片安装角度，使工作点转移到汽蚀余量较小的区域等。

（7）进水池的防污和清淤。及时清除水泵进水口或进水池拦污栅前的杂草等漂浮物，以防止吸入水泵，使水泵效率下降，甚至击碎叶片。进水池中的淤泥，会使进水流态发生变化，影响水泵效率，应及时清淤，使水流畅通，流态均匀。对于多机组共用的进水池，运行时，要合理调度，对称开机运行，以减少池内泥沙的淤积。

（8）值班人员在机组运转中要做好记录。在水泵发生异常现象时，应增加观测和记录的次数，并分析原因，及时进行处理。交班时要把在本班运行中发现的问题和现象交代清楚，以便引起下一班人员的注意。

3. 机组日常性检查和保养要点

水泵的日常性检查和保养工作，是预防故障的发生，保证机组长时间安全运行的重要措施。日常性保养就是一方面要求运行人员严格按照运行操作规程进行工作，另一方面要经常对设备进行预防性检查，做到防患于未然。日常性检查和保养的工作内容如下：

（1）检查并处理易于松动的螺栓或螺母。如电动机定子、不锈钢片穿芯螺栓、螺母，拍门铰座螺栓、轴销、销钉等，水泵轴封装置填料的松紧程度，空气压缩机阀片等。

（2）油、水、气管路接头和阀门渗漏处理。

（3）电动机碳刷、滑环、绝缘等的处理。

（4）保持电动机干燥。摇测电动机绝缘电阻。

（5）检修闸门吊点是否牢固，门侧有无卡阻物，锈蚀及磨损情况。

（6）闸门启闭设备维护。

（7）吊车运行维护。

（8）机组及设备本身和周围环境保洁。

7.1.1.4 水泵机组的停机

1. 停机

水泵停机前,应先关闭引水闸门。对离心泵,应先关闭压力表,然后慢慢关闭出水管上的闸阀,再关闭真空表,最后停机。对混流泵,如出水管路装有闸阀,其操作同离心泵;如采取拍门断流,则停机前应将通气管闸阀打开,并关闭压力表、真空表,然后再停机。对于非虹吸式流道的轴流泵,一般通气管不再安装闸阀,可直接切断电源,使机组停止运行。

水泵停机后,应注意清扫现场,把水泵和动力机表面的水和油渍擦拭干净。冬季停机后,为防止管道和机组内的积水结冰冻裂设备,应及时打开泵体下面的堵头放空积水。做好机组和设备的保养工作,对一些在运行中无法处理的问题,要安排时间及时处理,使机组处于随时可以启动的良好状态。

2. 水锤防治

水泵在运行过程中,因突然停电等意外原因而停机时,压力管道内的向上流动的水体,由于没有后继水体的支持,压力逐渐下降,趋值至零,此时管道内可能产生负压,逆止阀也随之关闭;继之,水体以极大的势能,由管道顶的压力水箱顺管道倒泄而下,冲撞逆止阀。此时,管道中水体流动的动能,全部转化为弹性压缩能,压迫逆止阀,膨胀管壁。这种压强,从开始接近逆止阀起,而后逐渐向上交替波动,形成水锤。水锤所产生的压力,有时可能超过管道正常压力的许多倍,导致管道胀裂,泵房淹没,危害极大。高扬程泵站或管线很长的泵站对水锤危害尤应注意。因为这种类型的泵站、扬程高、压力管道长,管中存水多,倒泄压力大。在新建泵站规划设计时,泵站管路系统应满足各种可能出现的正常和非正常运行工况下最大压力水头的要求,并应注意管线布置、管中流速、阀门选择和阀门关闭时间等。对已投入运行的泵站,因为压力管道外部受风雨侵蚀,内部受水流带动泥沙颗粒磨损锈蚀,管壁逐渐变薄,管道受水锤的影响胀裂的概率更大。因此,已投入运行的泵站对水锤的防控措施更应周密可靠。目前对水锤的防控措施较多。一般可选择空气罐、调压塔、缓闭阀、空气阀、水锤消除器、通气管等方式防护。泵站要根据自己的实际情况选用合适的方法,也不要由于担心发生水锤事故而盲目采用不合适的防护措施,这样可能造成浪费,有时甚至适得其反。

7.1.1.5 主机组定期维护

(1) 水泵机组定期维护主要检查内容及要求如下:

1) 定期维护前,应制定维修方案及安全措施。

2) 定期维修应做好完整的维修记录,包括维修内容、调换的零部件、材料消耗、各种费用等。

3) 卧式泵机组每周应手动盘车1次,停止时让转动部件停留在不同位置;所有机组汛前要进行空载试机维护。

4) 排水泵站在非排水期,潜水泵宜吊出至干燥处保存,汛前检查正常后吊入安装。

5) 水泵解体维修视具体故障情况而定。潜水泵的轴承。电机定子绕组温度(由电机绕组故障引起的)及油腔内含水率超过规定时,不受维修周期的限制,应解体维修。

6) 泵站主机组包括水泵、电动机(柴油机等)及传动装置,检修周期应根据机组的技术状况和零部件的磨蚀、老化程度以及运行维护条件确定,同时还应考虑水质、扬程、运行时数及设备使用年限等因素。达到表 7.1 规定的检修周期,可进行检修。

7) 冰冻地区的泵站不运行时应及时排空主机管道中的水,防止设备冻裂。

表 7.1　　　　　　　　　　　　主机组检修周期

设备名称	大修		小修	
	日历时间/a	运行时数/h	日历时间/a	运行时数/h
主水泵及传动装置	3~5	2500~15000	1	1000
主电动机	3~8	3000~20000	1~2	2000

注　新安装、清水水质、扬程≤15m 工况调节下,主水泵的大修周期可适当延长;运行 5 年以上、含泥沙水质、扬程>15m 工况调节下,主水泵的大修周期可适当提前。

(2) 轴流泵、导叶式混流泵机组的定期维护主要检查内容及要求如下:

1) 轴封机构和轴套磨损的应修理或更换。

2) 橡胶轴承及泵轴轴套磨损超过规定值的应更换。

3) 叶片的汽蚀麻窝深度大于 2mm 的应修理或更换。

4) 主电机、传动轴、泵轴的同轴度超过允许偏差时应修补或更换并进行平衡试验。

(3) 潜水泵机组的定期维护主要内容及要求如下:

1) 每年或累计运行 4000h 后,应检测电机线圈的绝缘电阻。

2) 每年至少 1 次吊起潜水泵,检查潜水电机引入电缆和密封圈。

3) 每年或累计运行 4000h 后,应检查温度传感器、湿度传感器和泄漏传感器。

4) 每 2 年 1 次检查机械密封和油腔内的油质。

5) 每 2 年 1 次加注电机轴承润滑脂。

6) 间隙过大或损坏的叶轮、耐磨环应及时修理或更换。

注:检修或维护周期无厂家明确规定时参照上述维护周期。

(4) 离心泵、蜗壳式混流泵机组的定期维护,主要内容及要求如下:

1) 轴封机构维护内容应符合表 7.2 的要求。

2) 叶轮与密封环的径向间隙均匀,最大间隙不应大于最小间隙的 1.5 倍。

3) 叶轮轮壳和盖板应无破裂、残缺和穿孔。

4) 叶片和流道被汽蚀的麻窝深度大于 2mm 的应修补;叶轮壁厚小于原厚度 2/3 的应更换。

5) 做好电动机的滑环、电刷、电刷架及引线等处的清扫工作,清扫电刷磨损散落的粒子,必须保持该处的清洁。

6) 电机出口互感器及绝缘子无破损裂纹、无积尘、无过热、无放电痕迹及其他异常现象。

表 7.2　　　　　　　　　　　　轴封机构维护内容

轴封形式	维修内容
填料密封	更换或整修填料密封轴套、轴衬、填料压盖及螺栓
机械密封	更换动、静封圈、弹簧圈及轴套
橡胶骨架密封	更换磨损的橡胶骨架密封圈、轴套、轴衬、填料压盖

7.1.1.6 水泵常见故障及处理方法

水泵常见故障产生原因及处理方法见表 7.3～表 7.7。

表 7.3　　　　　　　　离心泵及蜗壳式混流泵的故障及处理方法

故障现象	产 生 原 因	处 理 方 法
水泵启动后不出水	充水不足或抽气不彻底	继续充水或抽气
	进水管道漏气严重	堵塞、修补漏气部位
	填料函严重漏气	压紧填料或更换填料
	泵站总扬程超过了水泵的总扬程	减少管道损失扬程或更换扬程较高的水泵（或叶轮）
	叶轮固定螺母及键脱出	检查并重新紧固
	水泵的转速太低	调整、提高水泵转速
	进水口或叶轮流道堵塞	清除进水口或叶轮堵塞物
水泵出水量不足	进水口淹没深度不够，泵内吸入空气	改善进水条件，使其淹没深度合适
	密封环或叶轮磨损过多	更换密封环或叶轮
	动力机功率不足	加大动力机的功率
	闸阀未全开或阀门堵塞	开大阀门或清除阀门堵塞物
	水泵扬程过高	调低水泵扬程或更换水泵
运行时，动力机超负荷	填料压盖上得过紧	调整填料压盖的螺母
	泵轴弯曲、轴承损坏	校直泵轴、更换轴承
	叶轮与泵壳有摩擦	调整叶轮与泵壳间隙
	转动部件锈死或被杂物堵塞	除锈或清除杂物
	水源含沙量太大	控制、减少水源含沙量
	动力机配套不当，泵大机小	重新选配动力机或调小流量
轴承发热	润滑油量不足，漏油太多	加油、修理漏油处
	轴承装配不正常或间隙不当	调整、修正
	轴承损坏	更换轴承
	泵轴弯曲或直联机泵轴线不同轴	调直泵轴，校正两轴线同轴度
	皮带转动时，皮带安装太紧	适当放松皮带，使松紧合适
填料函发热或漏水过多	压盖上得过紧	适当放松填料压盖
	填料函磨损过多或轴套磨损	更换填料或轴套
	水封环装置有误	使水封环的位置对准水封管出口
运转时，产生振动和噪声	底部螺栓松动	检查后上紧螺帽
	叶轮与泵壳发生摩擦	检查与调整配合间隙
	轴承、叶轮损坏	更换轴承、叶轮
	直联机组轴线不同轴	校正调整
	进、出水管固定不牢	加强管道固定部分
	汽蚀影响	分析汽蚀原因，加以消除

续表

故障现象	产生原因	处理方法
转动部件卡死，不能运行	装配错误，定位、找正、找平不符合要求	重新装配、校正
	转动部件卡死或被卡住	除锈或消除阻塞物
	轴承损坏被金属碎片卡住	更换轴承并清除碎片

表 7.4　　轴流泵及导叶式混流泵的故障及处理方法

故障现象	产生原因	处理方法
水泵启动后不出水	水泵转向不对，叶片装反	改变水泵转向和装反的叶片
	叶轮淹没水深不够	降低水泵安装高度或抬高进水水位
	叶片上缠绕大量杂物	清除杂物
	叶片断裂或全部松动	更换损坏叶片，紧固叶片固定螺母
	出水管道堵塞	清理出水管道
水泵出水量减少	叶片磨损或断裂	更换损坏叶片
	叶片安装角度过小	调整叶片安装角度
	水泵扬程过高	调节水泵扬程
	转速太低	调节水泵转速
动力机超负荷	叶片安装角度太大	改变叶片安装角度（可调叶片）
	出水管路部分阻塞，拍门开启度太小	清理管道杂物，拍门加装平衡装置，增大开启度
	叶轮上缠有水草等杂物	在进水池设拦污栅，清除叶片上的杂物
	转速过高	调整水泵转速
	动力机选配不当，泵大机小	重新配套动力机
	水源含沙量太大	限制、减少水源含沙量
运转时，有振动和噪声	叶片与泵壳有摩擦	检查、调整叶片与泵壳的间隙
	泵轴与转动轴不同轴或泵轴弯曲	先把两轴校直，再调整两轴的同轴度
	叶片安装角度不一致	校正叶片安装角度，并使其一致
	水泵基础不稳固，底脚螺栓松动	加固基础，拧紧底脚螺栓
	导轴承严重损坏	更换橡胶导轴承
	汽蚀影响	分析汽蚀原因，消除汽蚀影响
	水泵层大梁振动大	加固水泵层大梁
	推力轴承损坏或缺油	修理更换轴承或加油
	进水流态不稳定，产生漩涡	改善进水流态，采取消除漩涡措施

表 7.5　　　　　　　　　　　　　潜水电泵的故障及处理方法

故障现象	产 生 原 因	处 理 方 法
水泵不出水或出少水	电动机没启动	排除电路故障，重新启动
	管路破裂	修复或更换破裂管
	滤水网堵死	清除堵塞物
	电动机反转	调换电缆接线
	水泵密封环、叶轮磨损	更换密封环、叶轮
电动机不能启动并有嗡嗡响声	导线断相或开关启动设备断线	修复断线，接好保险
	叶轮内有异物	清除异物
	电压太低	调整电压
电流过大或电流表指针摆动	扬程低水泵流量过大、电机过负荷	调整阀门，减小流量
	轴承、轴套磨损	更换轴承、轴套
	轴弯曲、轴承不同轴	校直泵轴、调整轴承同轴
机组转动时，产生振动	电机转子或叶轮不平衡	修理并使其平衡
	轴弯曲	校直泵轴
	法兰螺栓松动	拧紧松动螺母、螺栓
电机绕组烧坏	单相运转	修理与更换电机绕组
	长时间超载运行	保持电机在额定负载下运行

表 7.6　　　　　　　　　　　　　深井泵的故障及处理方法

故障现象	产 生 原 因	处 理 方 法
电动机通电后不转，发出嗡嗡响声	电源一相无电	检查并修复接线
	绕组短路	修理绕组
电动机在水泵运转中功率增高	叶轮与导水壳产生摩擦	调节水泵叶轮轴向间隙
	水泵中吸入大量泥沙	冲洗深井，减少水源含沙量
	电机轴承损坏	更换损坏的轴承
水泵流量较小、扬程较低	叶轮严重磨损	更换叶轮
	过滤水管被异物堵塞	清除管内异物
	出水管接口处漏水	检查并处理好接口漏水
	水泵转速低	调整水泵转速
运行时产生剧烈振动	未对橡胶轴承预润	开机前加预润水
	电机轴、转动轴弯曲不同轴	检查泵轴、调整同轴
	橡胶轴承磨损过度	更换橡胶轴承
填料函漏水过多或轴承过热	填料磨损	更换新填料
	填料压得过松	上紧填料压盖螺母
	填料压得过紧	拧松填料压盖螺母
	轴承润滑不良	检查轴承润滑
电机防逆转装置失灵	防逆盘中圆柱销有油垢、污物	清洗圆柱销
	止逆盘的槽孔磨损	加深槽孔或换新止逆盘

表 7.7　　　　　　　　　　　水轮泵的故障及处理方法

故障现象	产 生 原 因	处 理 方 法
转轮、叶轮不转	杂草、污物卡住转轮、叶轮	关水停机，清除杂草、污物
	轴承损坏	更换轴承
	转轮和导水座或叶轮和泵壳相碰	检查轴和轴承磨损，调整转动与固定部分间隙
	泥沙堵死水泵	清除泥沙
水泵不出水或出水量少	水位降落，水头不足	上游临时挡水
	拦污栅堵塞	清除栅前杂物
	水泵叶轮被堵塞	清除叶轮堵塞物
	尾水管漏气	提高尾水管出口处的淹没深度
	出水管漏水	找出漏水原因，进行修复
输出功率不足	出水量减小	见以上处理方法
	皮带太长打滑	减少长度，打皮带油
	皮带易脱落	检查两皮带轮的安装
泵有异常响声	轴承损坏	更换轴承
	两部件相碰	检查修好
	杂物落入泵内	清除落入杂物
	连接螺栓松动	检查并拧紧松动螺栓

7.1.2　主要金属结构设备运行维护
7.1.2.1　闸门与启闭设备
1. 闸门作用、组成和分类

（1）闸门的作用。闸门的作用是封闭水闸和泵站进出水建筑物的孔口，并能够按需要全部或局部开启这些孔口，以调节上、下游水位和泄放流量。

（2）闸门的组成。闸门一般主要由以下三大部分组成：

1）活动部分，既能关闭孔口又能开放孔口的堵塞体，称为门叶，结构如图 7.1 所示。

2）埋设部分，埋固在土建结构中的构件，闸门通过这些构件将活动部分所承受的荷载传给土建结构，并与门叶上的止水橡皮配合起止水作用。

3）启闭机械，控制活动部分，即门叶结构位置的操作机构。

4）闸门的分类。泵站闸门按工作性质不同可分为工作闸门、检修闸门、事故闸门等。

a. 工作闸门。工作闸门也称主闸门，是进水建筑物正常运用的闸门，要求每个孔口设置一扇。当水泵运行时，开启闸门以放泄水流，有时部分开放以调节流量。当水泵不运行时，关闭闸门以防止泥沙入渠（或入池）造成淤积。由于工作闸门担负经常性启闭工作，而且要在动力条件下运行，所以工作闸门要求结构牢固、挡水严密、启闭灵活、运用可靠。

b. 检修闸门。是专供工作闸门或水工建筑物某一部分或某一设备需要检修时挡水使用的，因此必须设置在这些被保护部件的前面。门扇应根据闸孔的数量、重要性和维护条件等因素综合考虑设置。检修闸门常在检修前，在静水的情况下放下，检修时截断水流，

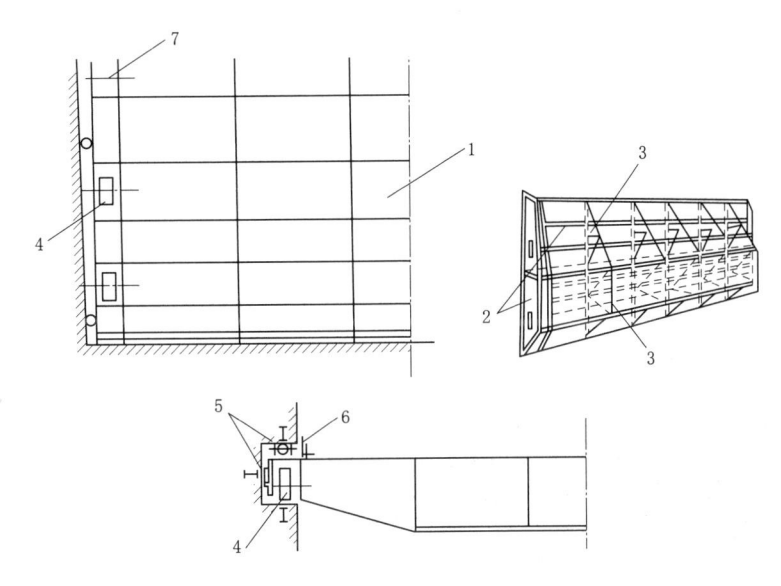

图 7.1 门叶结构
1—面板；2—梁格；3—纵向垂直连接系；4—行走支承装置；
5—导向装置；6—止水装置；7—吊耳

检修后在静水中开启。因此，检修闸门的门体部分，一般按检修时的水位及荷载设计，支承和埋设部分由于静水启闭而大为简化。检修闸门使用次数较少，其启闭设备也较简单。检修闸门有时采用分块的叠梁，特别在露顶式的孔口，采用叠梁式较为普遍。

c. 事故闸门。当工作闸门或水工建筑物发生事故时，使用事故闸门。要求能在动水中关闭，有时甚至是在动水中快速关闭以切断水流，防止事故扩大，待事故处理后再开放孔口。能快速启闭的事故（或工作）闸门在泵站中常称为快速闸门。

2. 闸门止水装置

（1）作用。止水装置是闸门的重要部件，止水的作用是封堵闸门与门框之间的缝隙，以阻止漏水。止水如果失效，不仅造成闸门严重漏水，同时可能造成闸门振动，导致闸门及埋件的汽蚀或磨蚀，从而影响闸门的正常运行和建筑物的安全。此外，在寒冷地区，冬季闸门漏水，会使过流的混凝土表面发生冻融，对工程造成危害。

（2）安装位置。止水装置一般安装在门叶的面板上，便于维修更换。面板一般设置在上游面，这样可以避免梁格和行走支承浸没在水中而聚积污物，同时可减少闸门底部过水时产生的振动。也有将面板放在下游面的，这样对于设置止水比较方便。

（3）止水形式。止水装置按照装设的部位，可分为顶止水、侧止水、底止水和节间止水四种。

露顶式闸门只有侧止水和底止水；潜孔闸门除侧止水、底止水外，还需要设置顶止水。对于高孔口的平面闸门，为便于制造、运输和安装，常将门叶分成数节，节间用螺栓或其他结构连接起来，因此还要设置节间止水。

（4）止水的方法。底止水的密封通常由闸门自重的挤压止水材料来保证，侧止水、顶止水的密封一般依靠预留压缩量和上游水压力对止水材料形成的挤压力来实现。

（5）止水的材料。用作止水的材料有木材、金属、橡皮等。橡皮的弹性好，是目前工程中用得最多的止水材料。

（6）止水橡皮的形状。如图7.2所示，圆头P形橡皮常用于顶止水和侧止水，也有用于露顶式弧形闸门的、侧止水；方头P形橡皮常用于潜没式弧形闸门的顶止水、侧止水；角形橡皮止水常用于露顶式弧门的侧止水；条形橡皮常用于底止水、节间止水。

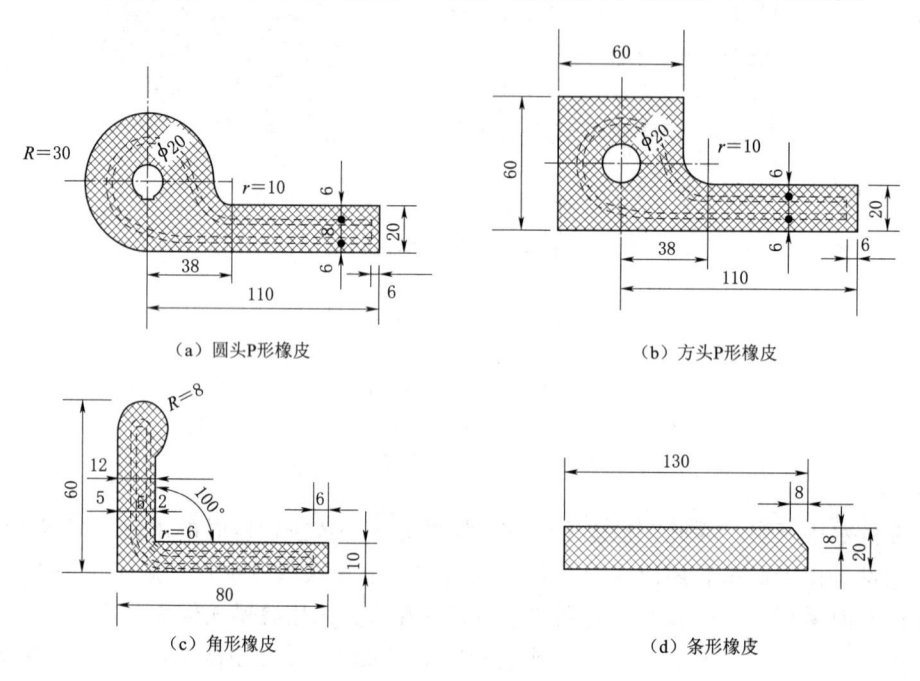

（a）圆头P形橡皮

（b）方头P形橡皮

（c）角形橡皮

（d）条形橡皮

图 7.2 止水橡皮及尺寸

3．闸门操作

（1）工作闸门的操作。

1）工作闸门在动水情况下启闭。

2）允许局部开启的工作闸门泄水时，应注意对下游的冲刷和闸门本身的振动。

3）闸门开启泄流时，必须与下游水位相适应，使水跃发生在消力池内。

4）不允许局部开启的工作闸门，不得中途停留在闸门槽内。

（2）事故闸门的操作。

1）事故闸门不得用以控制流量。

2）事故闸门在动水情况下关闭，一般在静水情况下开启。

3）事故闸门的门体底部应停留在孔口以上0.3～0.5m处。发生事故时，能在最短时间内关闭闸门，进行保护。

（3）检修闸门的操作。

1）检修闸门只能在静水中启闭。

2）当压力输水洞的检修闸门关闭以后，洞内积水宜缓慢放空。

3）检修闸门也不能用来控制流量。

4. 启闭设备

它也是一种起重机械,但在使用时荷载变化大,启门速度低,使用时要适应闸门的运行要求。闸门的种类很多,运行条件变化极大,因此要求有不同类型的启闭设备。启闭设备应工作可靠、机械效率高、自重轻、体积小、结构简单、操作维护方便。

选择启闭机的主要依据是启闭门力、启闭行程、启闭速度、吊头数目和间距、动力情况、安装地点的空间尺寸等。常用的启闭机简述如下:

(1) 螺杆式启闭机。螺杆式启闭机是能产生启门力又能对闸门施加闭门力(在螺杆长细比许可范围内)的一种简单可靠的启闭设备。其螺杆的下端与闸门相连接,螺杆上端支承在承重螺母内,螺母固定在齿轮箱内的锥形齿轮或蜗轮上,当摇动手摇把时,通过齿轮或蜗轮系的传动而转动承重螺母,从而升降螺杆和螺母。螺杆式启闭机具有能自锁、结构简单、维护方便、价格低廉等特点,如图7.3所示。

(2) 卷扬式启闭机。卷扬式启闭机是以钢丝绳作为牵引方式的。由人力或电力驱动减速齿轮,减速齿轮驱动缠绕钢丝绳的绳鼓,以绳鼓的转动而收放钢丝绳,使闸门提升或下降。这种启闭机具有较大的启闭力和较大的启闭行程,适用于孔口较大的闸门和深孔闸门,但没有自锁作用(必须附加锁定装置)。钢丝绳及滑轮组如果长期在水中工作,易生锈,维护困难,但闸门与启闭机的配合具有较大的灵活性,采用电动时启闭速度较快。

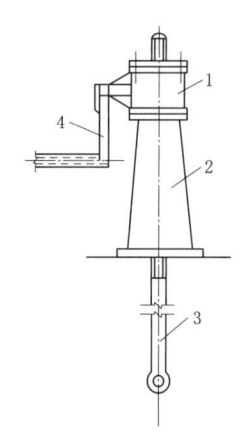

图7.3 螺杆式启闭机
1—齿轮箱;2—支座;
3—螺杆;4—手摇把

平面闸门卷扬机定型设计一般具有单吊点和双吊点两种,其外形如图7.4所示。

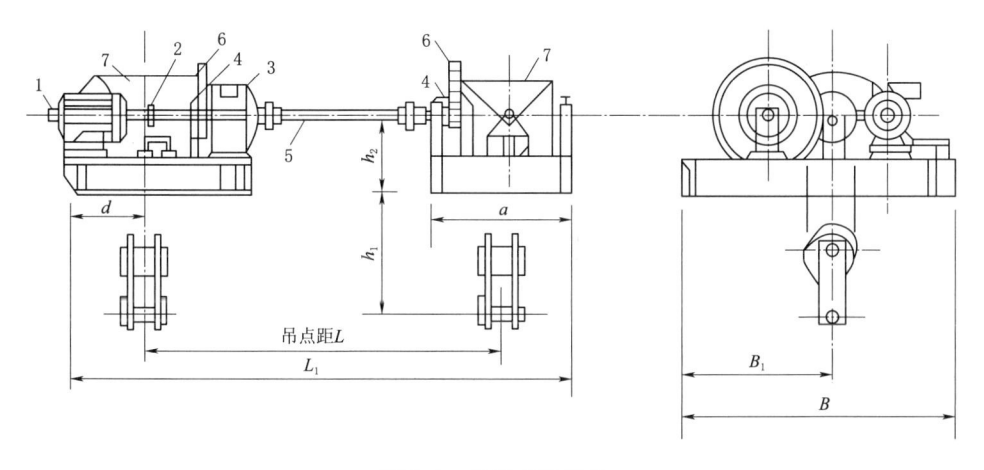

图7.4 卷扬式启闭机
1—电动机;2—电磁制动装置;3—减速箱;4—小齿轮;5—刚性轴;6—大齿轮;7—绳鼓

(3) 液压式启闭机。如图7.5所示,液压式启闭机由于工作油压较大,对零件加工要求高,并易于损坏,维护与更换较麻烦,应用技术较难掌握,因此广泛使用还有一定的难度。

(4) 其他启闭装置。

1) 移动式启闭机：是将卷扬式启闭机安放于移动的平车上，借助平车移动逐步启闭多孔闸门。常用于检修闸门的启闭，根据检修先后次序启闭闸门。

2) 单轨吊车：又称猫头吊，其滚轮沿单根工字钢下翼缘行走，与手动或电动葫芦配套使用，常用于检修闸门的启闭。

(5) 自动抓梁。当泵站采用移动式平车或单轨吊车启闭闸门时，对闸门必须设置有挂钩和脱钩装置；采用油压式启闭机启闭闸门而需长期悬挂时，为了使油压系统卸荷，有时也要挂钩和脱钩，因此需要设置自动抓梁。

自动抓梁是一根与移动式启闭机吊装点相连接的钢梁，钢梁的两端相应于闸门吊头处安设能自动接合和脱卸的挂钩，当启闭机的吊装点连同抓梁升降时，能自动地对闸门进行挂钩和脱钩操作。自动挂钩通常设置于自动抓梁下面以进行操作。

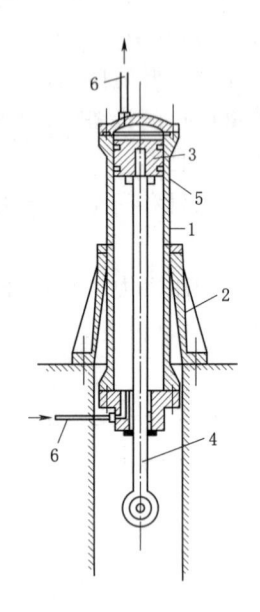

图 7.5 液压式启闭机
1—活塞筒；2—支座；3—活塞；
4—连杆；5—油封环；
6—油管（通往油泵）

5. 闸门及启闭设备检查和维护

(1) 运行前闸门检查的主要内容及要求如下：

1) 闸门位置应放置正常，无倾斜、卡死。
2) 闸槽内应无异物。
3) 闸门开度仪应正常。
4) 闸门淤积应及时清理。
5) 闸门止水橡皮应冲水润滑。

(2) 运行前启闭设备检查的主要内容及要求如下：

1) 螺杆式启闭机的螺杆和螺母无裂纹、咬合紧密，螺杆无弯曲。
2) 启闭机的限位开关、荷重传感器等零部件应完好。
3) 启闭机的所有机械部件、连接装置、润滑系统等应正常。
4) 控制柜状态显示应正常，故障、报警系统正常。
5) 电动葫芦的电气部分、机械部分和提升负重部分应正常。

(3) 运行中检查的主要内容及要求如下：

1) 重点监视闸门和启闭机响声、振动情况是否正常。
2) 行程开关动作灵敏、准确，高度指示器指示准确。
3) 螺杆式启闭机手摇部分应转动灵活、平稳，无卡阻现象；手、电两用机构的电气闭锁装置应可靠。
4) 行程开关应动作灵敏、准确，高度指示器指示准确。
5) 转动机构运转平稳，无冲击声和其他异常声音。
6) 制动器应无摩擦抖动现象。
7) 电气设备无异常发热现象。
8) 机箱无渗油现象。

(4) 运行后检查的主要内容及要求如下：

1) 闸门应下落至全关闭，没有倾斜、漏水现象。
2) 各种操作开关、按钮应处于正常位置。
(5) 闸门日常养护的主要内容及要求如下：
1) 闸门门体和吊点应无裂纹或其他缺陷。
2) 闸门渗漏应在规定的范围内。
3) 闸门启闭过程应无异常的振动与卡阻。
(6) 闸门的定期检查、维护的主要内容及要求如下：
1) 每年1次检查与维护门框、门板、导向支承、闸门连接杆及密封面等。
2) 不经常启闭的闸门应每月启闭1次，检查运行工况、密封及腐蚀情况等。
3) 对发现的问题必须确保其得到有效的整改治理，防范闸门和启闭机带病运行。
(7) 启闭设备养护的主要内容及要求如下：
1) 做好日常清扫养护工作，运行工况应正常。
2) 不经常运行的启闭设备，应连同闸门每月启闭1次。
3) 液压启闭机的用油需每年过滤1次，并做必要的检测。
(8) 启闭设备电动装置日常养护的主要内容及要求如下：
1) 运行应平稳、无异声，无渗漏油、无缺油，限位正确可靠，外壳及机构应保持清洁。
2) 动力电缆、控制电缆的接线应无松动，接线可靠。
3) 电控箱及电气元器件应完好，工作正常。
4) 每月1次拉动操作手轮，检查手动、电动操作切换装置，应啮合良好。
(9) 启闭设备电动装置定期维护的主要内容及要求如下：
1) 每年1次检查减速箱润滑油，根据需要加注或更换润滑油。
2) 每年1次检查、清扫与维修电动装置内的各种电气元器件与其触点，并更换不符合要求的电气元器件。
3) 每年1次检查、调整行程与过力矩保护装置。行程指示必须准确，过力矩保护机构必须动作灵敏，保护可靠。

7.1.2.2 拍门

拍门是一种单向阀门，拍门顶部用铰链与门座相连，水泵启动后，在水流冲力的作用下，拍门自动打开；停机时，借自重和倒流水压力的作用自动关闭，截断水流。拍门与门座之间用橡皮止水，关闭后靠水压力将拍门压紧。由于拍门具有结构简单、造价便宜、管理方便和便于自动化等优点，所以在泵站中得到了广泛的应用。但是，自由式拍门是在水流冲力的作用下打开的，且拍门的开启角度一般在40°左右，水头损失较大，故运行时要消耗一定的能量，使泵站运行效率降低。另外，拍门在关闭的一瞬间会产生很大的撞击力，特别是在出水流道短、扬程高、拍门尺寸大的情况下，撞击力将更为严重，对拍门结构和泵站建筑物的安全都有极其不利的影响。

1. 拍门运行检查与维护

运行前、运行过程中、运行后的检查与维护的主要内容及要求如下：
(1) 拍门附近应无淤积物、拍门铰轴、铰座配合应良好，转动灵活，无严重锈蚀。

(2) 关闭时应通过调整控制机构，使拍门以较低的速度接近门座。缓冲装置良好，采取措施减小作用在拍门上的冲击力，限制对拍门的扭振惯性力。

2. 拍门日常养护

日常养护的主要内容及要求如下：

(1) 检查门板密封，及时清楚拍门内的垃圾杂物，不应有漏水现象。
(2) 浮箱式拍门的浮箱内不应有漏水现象。

3. 拍门定期检查、维修

定期检查、维修主要内容及要求如下：

(1) 每年检查转动销1次，如有损坏，应及时更换。
(2) 汛期前检查门框、门板，不得有裂纹、损坏，门框不应有松动。
(3) 每2年检查或更换门板的密封圈1次。
(4) 每2年对钢制拍门作防腐涂漆处理1次。

7.1.2.3 清污设备

一般把拦污栅装置在泵站引水渠末端或进水流道前，用以拦阻水流挟带的污物，如水草、木块、浮冰、死畜等，不使污物进入流道，以保护水泵、阀门、管道等使其不受损害，并保证水泵机组正常运行，也是泵站不可缺少的一种附属水工建筑物。

1. 拦污及清污装置

拦污栅是由直立的栅条联结而成，栅条一般由扁钢做成，在栅面四周用角钢或槽钢加固，沿高度方向可设二层或多层；对于重型拦污栅，栅片后的构架与平面闸门一样，是由主梁、端柱、纵向及横向联结系组成的型钢组合结构。

目前国内已建轴流泵站的拦污栅，大都是垂直设在进水流道闸门前的进口处（还有设在流道内的）。这种布置形式，可以利用流道的隔墩做拦污栅支墩，但由于离流道进口太近，流道内的流速分布不均匀。同时，垂直设置不便清污，易使污物在栅前堆积或堵塞拦污栅，减少了进水流道过水断面，影响流态，恶化水泵进水条件，有可能使水泵汽蚀性能变坏。此外，由于拦污栅的堵塞，过栅水头损失加大，必然也增加水泵的运行费用。

影响拦污栅水头损失的因素很多，除拦污栅的形式、倾角、栅条形状、厚度及间距等因素外，还与通过拦污栅的流速平方成正比。拦污栅的安装位置，栅前堆积的污物是否便于清除又对过栅流速有影响。如拦污栅设在大型泵站进水流道进口处，不仅过栅流速较大，而且会使进水流道内的流速分布不均，降低水泵的效率和汽蚀性能。

2. 拦污栅的形式及其布置

泵站常用拦污栅一般为平面拦污栅，当孔口较大或过栅流速要求较小时，可采用曲面拦污栅。其位置要求与进水流道有一定的距离，且过栅流速为0.5～0.8m/s较好，又要便于清污。拦污栅的形式及布置与下述因素有关：

(1) 拦污物质的种类、性质、数量。河道上取水的泵站，往往污物较多，有的还有较大的漂浮物或浮冰，对这样的取水条件可设置粗、细二道拦污栅。第一道粗拦污栅主要拦截船只、浮冰、死畜等较大的漂浮物，要求刚度大，栅条间距可大一些，一般取100～200mm；第二道拦污栅主要是拦截一般水草或较小的漂浮物，栅条间距与水泵最狭处的间隙有关，一般取50～100mm。拦污栅设在检修闸门的上游，有时检修闸门槽也可作为一道拦污栅槽，当需要检修时可提取拦污栅，放下检修闸门；对渠道上取水的泵站，进口污物一般为水草、树叶等，数量也少，可设一道拦污栅，栅条间距一般为 70~100mm；但对平原湖区的大型泵站，由于污物种类较多，可以设置粗、细二道拦污栅。当污物较小，水泵最狭处间隙更小时，由于过栅流速也要求较小，平面拦污栅就满足不了过网流速的要求，此时可做成曲线形拦污栅。

（2）拦污处的水位及荷载条件。对于水深较大的露顶拦污栅，可做成上、下两层或多层结构，但每层高度要适宜，一般不小于宽度的 1/3，也不宜大于 4.0m，便于制造，也便于检修。对于承受荷载较大，面积尺寸较大的情况，可采用重型拦污栅（有梁、柱、支承等连接件）或拱形拦污栅，以免工作时变形脱槽。

（3）清污方式。对于人工清污的拦污栅，倾角为 45°~70°，高度在 5m 以上时，要设置中间作业层；机械清污时，倾角可达 70°~80°。对需要起吊拦污栅清污的情况，拦污栅可做成活动式，也设支承行走与导向装置；对于水力冲洗清污的拦污栅，常做成旋转滤网式拦污栅结构。

3. 清污装置

目前已建的泵站一般采用人工清污齿耙进行清污，即由人工站在便桥上进行清污工作，这种方式工作效率低，对于污物较多的地方，不可能满足泵站的清污要求。还有的泵站是用起吊拦污栅清污，即将挂有污物的拦污栅，用起吊设备吊至工作桥或河、渠岸边进行清理，将备用拦污栅或清理好的拦污栅再放下拦污，这种方式清理场面较大，需要较宽的工作桥，同时清污效率也不高。当拦污栅面积较大、污物较多时，可采用机械清污，如耙斗式清污机，有固定、移动、单轨悬吊式三种形式，由机架、驱动机组、耙斗等组成。

抓斗式清污机，适用于栅前堆积或漂浮粗大的树根、石块、泥沙、树干或其他潜沉物的情况，工作原理与抓斗式挖土机基本相同。

此外，还有栅链回转式清污机，其本身具有拦污栅的作用，适用于水流中挟带大量的各种较大的脏污物，如树根、漂木、垃圾等情况。

4. 传送装置

清污机捞起的水草等污物需要用传送装置运出泵站进行处理。对于水草特多的大型泵站，应该预先考虑运送方式。针对处理和利用的问题，通常可以采用以下几种传送装置。

（1）可动式皮带运输机。将清污捞起的水草等污物通过传送带水平运出，并通过倾斜传送带向车辆输送，或存放在料斗内，传送带的仰角一般不超过 30°。

（2）倾斜翻板式运输机。在循环链上安装钢板制成的平板，随着循环链的运动，平板上的污物将送往渠道两侧，这种形式适用于大型泵站。

（3）吊斗式提升机。将皮带或平板传送带运送来的污物放入大型吊斗内，吊斗沿着支架大致按垂直向提升，并将污物投入料斗，然后由拖拉机或卡车运走。与倾斜翻板式运输机相比，它占地面积小，但不适合处理粗大的污物。

5. 清污设备检查和维护

（1）拦污栅日常养护的主要内容及要求如下：

1）应及时清除拦污栅片上的垃圾及污物。

2）应及时冲洗拦污栅平台，保持环境清洁。

3) 检查拦污栅片，如有松动、变形与腐蚀，应及时整修。

(2) 拦污栅定期检查、维护的主要内容及要求如下：

1) 每 2 年 1 次对拦污栅进行防腐涂漆处理。

2) 拦污栅如腐蚀严重，应重新进行喷锌防腐，如影响机械强度，应更换。

(3) 清污机日常养护的主要内容及要求如下：

1) 应及时对清污机进行清扫，保持设备与环境的清洁卫生。

2) 减速箱、液压箱的工作状况应运行平稳、无异常响声、无渗漏油现象。

3) 传动机构应润滑良好，动作灵活，钢丝绳在卷筒上固定牢固，链条链板松紧正常；各种紧固件应无松动。

4) 齿耙与格栅片的啮合应良好，不应有较大的摩擦，刮板运行良好并能有效刮除垃圾。

5) 停机后对活动机构、钢丝绳、轴承等适时加注润滑油脂。

6) 不经常使用的清污机，若有泥沙淤积，每周运行 1 次；若无泥沙淤积，每 2~3 月运行 1 次。

7) 应定期清除清污机底部淤泥。

(4) 清污机定期检查、维护的主要内容及要求如下：

1) 清污机每年至少 1 次定期维修，在日常养护的基础上，还应符合下列规定：

a. 磨损严重的钢丝绳、链条链板、刮板等部件应更换。

b. 折断的塑料或尼龙齿耙、失效的液压油与密封件应更换。

2) 清污机每 3 年 1 次对减速箱进行保养与维修：

a. 检查齿轮磨损及啮合情况，调整啮合的间隙。

b. 齿轮如磨损严重，则必须更换。

c. 更换齿轮润滑油。

3) 清污机运行检查的主要内容及要求如下：

a. 控制设备动作应正确可靠、运转正常。

b. 各转动部件运转应正常，无异常声响。

c. 皮带传输及工作应正常。

d. 各部位应无垃圾堆积，不应影响清污机正常运行。

4) 皮带输送机日常养护的主要内容及要求如下：

a. 经常清洗皮带及挡板上的垃圾及污物，应保持设备与环境的清洁卫生。

b. 检查驱动、从动转鼓轴承和滚辊的润滑情况，应及时加注润滑油。

c. 检查皮带接口的牢固与松紧程度以及皮带跑偏情况，皮带如有松紧不适及跑偏，应及时调整与纠偏。

5) 皮带输送机定期维护的主要内容及要求如下：

a. 每 2 年 1 次清洗、检查转鼓内的滚动轴承、如有损坏、必须更换、并更换润滑油脂。

b. 每年 1 次对滚轴和钢架结构件进行防腐涂漆处理。

c. 每 3 年 1 次对驱动电动机进行保养并维护。

7.1.3 主要电气设备运行维护

7.1.3.1 排水泵站电气设备介绍

排水泵站机电设备是泵站的"重中之重",泵站正常运行和维护、检修与排水泵站的电气设备密不可分。泵站机电设备的运行和维护工作需要定期进行,对各项电气设备的检查、维修和保养工作,特别是电气设备汛后修复工作需要加以落实。排水泵站配电系统主要由外线、高压供电系统、低压配电系统、电动机及其他辅助电气设备组成。

排水泵站电气设备维护工作中务必要本着"经常养护、随时维修、养重于修"的原则,确保电气设备的清洁以及正常启动运行。同时要定期进行维护检修工作,采用周期性检修和临时性消除缺陷相结合的检修模式,并结合相关的标准确定合理的检修方案。

7.1.3.2 排水泵站配电设备状态及检修分类

设备的状态分为正常、注意、异常和严重4种状态。正常状态是指各状态量处于稳定且在规程规定的警示值、注意值以内,设备可以正常运行;注意状态是指单项(或多项)状态量变化趋势接近标准限值,但未超过标准限值,设备仍可以继续运行,应加强运行中的监视;异常状态是指单项重要状态量变化较大,已接近或略微超过标准限值,设备应重点监视运行,并适时安排停电检修;严重状态是指单项重要状态量严重超过标准限值,设备应尽快安排停电检修。

排水泵站电气设备检修依据《配网设备状态检修试验规程》(Q/GDW 643—2011)中规定为A、B、C、D、E 5类,其中A类检修是指整体检修,对配电系统设备进行较全面、整体性解体修理、更换;B类检修是指局部检修,对配电系统设备部分功能部件进行局部的分解、检查、修理、更换;C类检修是指一般性检修,在停电状态下对设备进行试验、一般性消缺、检查、维护和清扫;D类检修是指维护性检修,在不停电状态下对设备进行的带电测试和外观检查、维护、保养;E类检修是指设备带电情况下采用绝缘手套作业法、绝缘杆作业法进行的检修、消缺、维护。

1. 排水泵站电气设备状态评价的主要资料

(1) 投运前信息。设备技术台账、安装验收记录、试验报告、图纸等。

(2) 运行信息。巡视、操作维护、缺陷、故障跳闸、单相接地、带电检测、在线监测数据等。

(3) 检修试验信息。不良工况、检修试验报告等。

(4) 冢族缺陷信息。

2. 排水泵站电气设备状态评价原则

(1) 架空线路按主干线线段的分支线、柱上设备单元进行状态评价。各单元按相应的评价标准进行状态评价,在各单元评价的基础上,架空线路宜作为一个整体设备进行综合评价。

(2) 中压开关站按开关柜、构筑物及外壳单元进行状态评价。各单元的评分按相应的评价标准进行状态评价,在各单元评价的基础上,中压开关站宜作为一个整体设备进行综合评价。

(3) 环网单元按开关柜、构筑物及外壳单元进行状态评价。各单元的评分按相应的评价标准进行状态评价,在各单元评价的基础上,环网单元宜作为一个整体设备进行综合评价。

（4）配电室（箱式变电站）按开关柜、配电变压器、构筑物及外壳单元进行状态评价。各单元的评分按相应的评价标准进行状态评价，在各单元评价的基础上，配电室（箱式变电站）宜作为一个整体设备进行综合评价。

（5）电力电缆线路按电缆线段（线路）、电缆分支箱单元进行状态评价。各单元的评分按相应的评价标准进行状态评价，在各单元评价基础上，电力电缆线路宜作为一个整体设备进行综合评价。

7.1.3.3　配电系统检修原则

配电设备检修应坚持"安全第一、预防为主、综合治理的方针"，确保工作人员人身、配电系统、设备的安全。

配电系统检修原则如下：

（1）配电系统检修应落实好组织、技术、安全措施。

（2）设备检修应按标准化管理规定，编制符合现场实际、操作性强的作业指导书，组织检修人员认真学习并贯彻。

（3）设备检修工器具应采用合格产品并在检验有效期内使用，工器具的使用、保管、检查及试验应符合相关规定要求。

（4）设备检修后，应经验收合格，方可恢复运行。

（5）设备检修、事故抢修后，设备的型号、数量及其他技术参数发生变化时，检修单位应及时做好相应的设备异动报告，及时更新相应设备的技术档案。

（6）配电系统检修应依据设备状态评价结果，核实检修项目和检修内容，综合考虑检修资金、检修力量、配电系统运行方式、供电可靠性、基本建设等情况，按照设备检修的必要性和紧迫性，科学确定检修时间。

7.1.3.4　电力系统突发事故处理措施

做好安全用电管理工作，防范电气事故的发生是一项重要的基础性工作。杜绝重大电气事故发生，减少一般事故。为做好日常管理工作，应制订电气突发性事故应急处理预案，加强对突发性电气事故的防范工作。

首先，在机组正常运行情况下，泵站设备突发性事故的类型分为：第一类事故，系统突然停电，带来的突发性事故；第二类事故，泵站本身的电气设备突发事故。根据事故的不同类型，采取相应的应急处理措施，以保证水利工程、设备和人身安全。

1. 第一类事故应急处理措施

（1）关闭出水闸门（或阀门），防止水倒流。

（2）机组恢复到待开机状态。

（3）分开所有开关。

（4）复原信号、保护装置处于良好状态。

（5）检查直流是否正常，是否受到冲击等，准备来电恢复运行。

2. 第二类事故应急处理措施

（1）正确判断突发性电气事故，查看事故发生的现状，查找事故发生的部位及其原因，分析事故影响范围和后果。

（2）将发生事故的设备与电气系统隔开，限制事故范围，消除事故对人身与其他设备的影响，最大限度地保障其他电气设备正常运行，防止事故扩大。同时也便于对事故设备的检修。

（3）调整设备运行方式，根据泵站机组运行状态，适时调整设备运行方式，确保泵站效益发挥。

7.1.3.5 电力设备运行维护新技术及典型案例

1. 在线监测

随着经济社会的发展，泵站在抗灾减灾中所发挥的作用越来越明显，保证电力设备的安全运行显得越来越重要，因此迫切需要对电力设备运行状态进行实时或定时在线监测，及时反映设备绝缘的劣化程度，以便采取预防措施，避免停电事故发生。传统的方法是在停电状态下，按预防性试验规程对突发性事故进行试验的要求，对电力设备进行定期的试验、检修和维护。定期试验不能及时发现设备内部的故障隐患，而且停电试验试加的试验电压对某些缺陷反应也不够灵敏。随着电力电子技术、传感技术、信息处理技术、计算机和网络技术的快速发展，近十几年来，一门新的技术——在线监测技术得到了开发与应用。

所谓在线监测技术，就是利用传感、电子、计算机、信息处理等技术，通过对运行中电气设备的信号采集和传输、数据处理、逻辑判断来实现对电力设备运行状态的带电测试或不间断的实时监测和诊断。在线监测与预防性试验相比，采用更高灵敏度的传感器采集运行中设备绝缘劣化信息，再依赖软件支持的计算机网络对采集到的信息处理和识别，可以把一些预防性试验项目在线化，而且还可以引进一些新的更真实反映设备运行状态的特征量，从而实现对设备运行状态的综合诊断，推动了电力设备运行维护水平的提高，减少了维护人员的劳动强度，促进电力设备由定期试验向状态检修过渡的进程。

在线监测技术的开发与应用，提高了运行管理的智能化程度，加快了设备运行状态的信息反馈，缩短了故障判断和处理时间，提高了工作效率，减少了因未能及早发现故障而设备停运的损失，为实现泵站无人值守创造了条件。

在线监测对泵站来说几乎所有设备都可以实现。如电动机、电缆、变压器、互感器、电容器、绝缘子、开关设备、避雷器、母线及其接头等。

但在线监测技术也存在一些不足，如：在线监测工作缺乏统一管理，在线监测系统本身的运行可靠性还不尽如人意，产品质量缺乏应有监督机制，后期服务跟不上以及运行人员缺乏操作管理水平等。系统本身功能也需进一步完善提高。

2. 在线监测案例

用无线在线监测设备运行温度。

温度是考证一次设备正常运行的一个重要参数。

电力设备的连接部位，由于受气候冷热变化、设备基础变化、设备受到环境污染、严重超负荷运行等各种因素的影响，出现触点氧化、紧固螺栓松动、触点和母线排连接处老化等问题，造成接头处压接不紧、压力不够、触头接触部分发生变化，最终导致接触电阻增大，在电流通过时，温度升高，从而引起设备老化、绝缘下降，严重的还能触发电弧短路、烧坏设备或降低设备使用寿命，扩大设备损坏范围，甚至引起设备起火、爆炸，尤其是活动刀闸的动、静触头部分更加严重。电气设备的故障往往是引起设备事故高发的缘由，时刻威胁电力设备的安全运行。这些设备无论是高压设备还是低压设备，运行中都不便检测，传统的只能用石蜡片，绑着绝缘杆或点温仪、热像仪，定期或不定期对设备进行检测，但只能检测到设备当时的温度，不能实现对设备温度实时检测并及时告警。在巡检过程中，受巡检人员责任心、巡检时间的间隔以及巡检人员掌握技术水平的制约，测量的角度、测量部位都很难掌握，这样测量温度不准，误差很大，问题不能被及时发现和处理，往往只有等到问题扩大造成损伤时才能发现，结果已造成损失。

利用红外线实现在线监测设备运行温度，完全克服了传统巡测的不足，能及时将温度记录下来，并对温度及时进行分析，及时预警预告，适时切除故障点，减少事故发生，确保设备安全运行。但是，红外测温为非接触式测温，易受环境与电磁场干扰，另外，开关柜的空间也非常狭小，无法安装红外测温探头是其弱点。

另外，光纤测温是利用光纤的绝缘性能将光纤温度传感器直接安装到高压触点，利用光纤传输温度信号，能够准确测量高压触点运行温度，实现开关触点运行温度的在线监测。但是光纤可能会受到环境污染影响，导致沿光纤表面放电。

目前，使用无线测温实现在线监测是更先进的一种方法，采用电磁波传输信号，传感器直接安装在高压设备上，温度测量准确，既不受气候环境的影响，又能解决电气绝缘问题，可以通过连续监测高压开关柜内触点、母线接头、电缆接头等处的运行温度，确定触点和接头处的过热程度，当发生超温时，系统能够发出报警。同时无线测温系统安装的温度监测分析软件，在上位机上运行，可实现温度实时显示、历史数据记录和分析、报警状态记录等功能，帮助运行人员监测和分析触点处的过热情况，预测出故障发生部位，保证电气设备安全运行。

7.2 排水泵站辅助设备运行维护

7.2.1 液位计

7.2.1.1 液位计类型

液位计用于排水系统水池、水渠、容器等水位的测量。根据不同的工作原理分为连通器式、吹泡式、差压式、电容式等，超声波和放射性等。

(1) 连通器式就是应用最普通的玻璃液位计，它的特点是结构简单、价廉、直观，适于现场使用，但易破损，内表面沾污，造成读数困难，不便于远传和调节。

(2) 浮力式液位计包括恒浮力式和变浮力式两类。

1) 恒浮力式液位计：恒浮力式液位计是依靠浮标或浮子浮在液体中随液面变化而升降，它的特点是结构简单、价格较低，适于各种贮罐的测量。

2) 变浮力式液位计：变浮力式亦称沉筒式液位计，当液面不同时，沉筒浸泡于液体内的体积不同，因而所受浮力不同而产生位移，通过机械传动转换为角位移来测量液位。此类仪表能实现远传和自动调节。

(3) 吹泡式液位计：是应用静压原理测量敞口容器液位。压缩空气经过过滤减压阀后，再经定值器输出一定的压力，经节流元件后分两路：一路进到安装在容器内的导管，由容器底部吹出；另一路进入压力计进行指示。当液位最低时，气泡吹出没有阻力，背压力零，压力计指零；当液位增高时，气泡吹出要克服液柱的静压力，背压增加压力指示增大。因此，背压即压力计指示的压力大小，就反映了液面的高低。吹泡式液位计结构简单、价廉，适用于测量具有腐蚀性、黏度大和含有悬浮颗粒的敞口容器的液位，但精度较低。

（4）差压式液位计有气相和液相两个取压口。气相取压点处压力为设备内气相压力；液相取压点处压力除受气相压力作用外，还受液柱静压力的作用，液相和气相压力之差，就是液柱所产生的静压力。因此，由如下公式就测得了液位：这类仪表包括气动、电动差压变送器及法兰式液位变送器，安装方便，容易实现远传和自动调节，工业上应用较多。

（5）磁翻板液位计是采用测量电容的变化来测量液面的高低的。它是一根金属棒插入盛液容器内，金属棒作为电容的一个极，容器壁作为电容的另一极。两电极间的介质即为液体及其上面的气体。由于液体的介电常数 ε_1 和液面上的介电常数 ε_2 不同，比如：$\varepsilon_1 > \varepsilon_2$，则当液位升高时，两电极间总的介电常数值随之加大因而电容量增大。反之当液位下降，ε 值减小，电容量也减小。所以，可通过两电极间的电容量的变化来测量液位的高低。电容液位计的灵敏度主要取决于两种介电常数的差值，而且，只有 ε_1 和 ε_2 的恒定才能保证液位测量准确，因被测介质具有导电性，所以金属棒电极都有绝缘层覆盖。电容液位计体积小，容易实现远传和调节，适用于具有腐蚀性和高压的介质的液位测量。

（6）放射形液位计是利用物位的高低对放射形同位素的射线吸收程度不同来测量物位高低的，它的测量范围宽，可用于低温、高温、高压容器中的高黏度、高腐蚀、易燃易爆介质物位的测量。但此类仪表成本高，使用维护不方便，射线对人体危害性大。

（7）超声波液位计是利用超声波在气体、液体或固体中的衰减、穿透能力和声阻抗不同的性质来测量两种介质的界面。此类仪表精度高、反应快，但成本高、维护维修困难，都用于要求测量精度较高的场合。

7.2.1.2 液位计维护

（1）日常维护频次为每月1次。

（2）用软布擦拭探头外壳，用毛刷清扫其内部空间。

（3）检查控制箱内部线路，确保接线牢固、无异味、无氧化过热痕迹。

（4）检查信号线防护到位，无破损，将表头数据与上位机显示数据进行核对，确保致。

（5）巡检维护完成后，将工作内容完整填写在值班记录中。

7.2.2 流量计运行维护

7.2.2.1 流量计类型

为了有效地调度泵站的工作，泵站内必须设置计量设备。目前，水厂泵站中常用的计量设备有电磁流量计、超声波计量计、插入式涡轮流量计、插入式涡街流量计以及均速流量计等。这些流量计的工作原理虽然各不相同，但它们基本上都是由变送器（传感元件）和转换器（放大器）两部分组成。传感元件在管流中所产生的微电信号或非电信号，通过变送、转换放大为电信号在液晶显示仪上显示或记录。一般而言，上述现代型的各种流量计，在泵站中使用较多的为电磁流量计、超声波流量计和插入式涡轮流量计（图 7.6）。

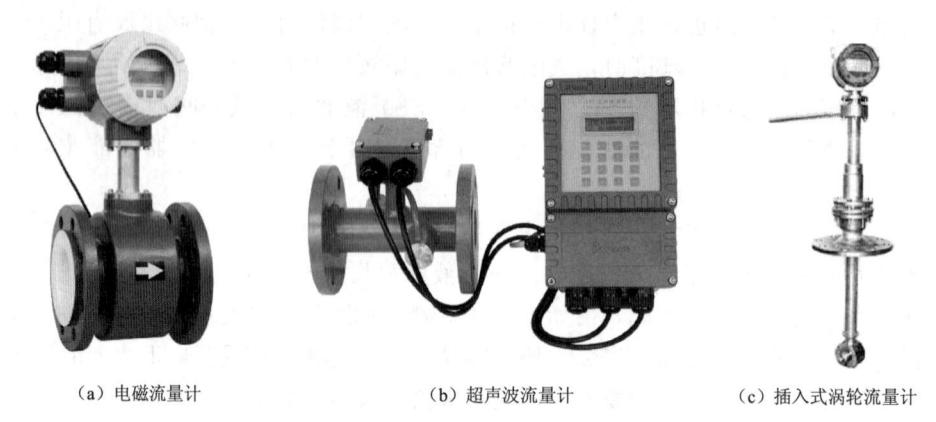

（a）电磁流量计　　　　　　（b）超声波流量计　　　　（c）插入式涡轮流量计

图 7.6　流量计

1. 电磁流量计

电磁流量计是一种应用法拉第电磁感应定律的流量计，其传感器主要由内衬绝缘材料的测量管，穿通测量管壁安装的一对电极和用以产生工作磁场的一对线圈及铁芯组成。当导电流体流经传感器测量管时，在电极上将感应与流体平均流速成正比的电压信号。该信号经转换器放大处理，直接显示流量及总量并可输出模拟、数字信号。

电磁流量计测量范围度大，最大流量与最小流量的比值通常为20:1～50:1，可选流量范围宽；电磁流量计的口径范围比其他品种流量仪表宽，从几毫米到3m；可测量正反双向流量，也可测脉动流量，只要脉动频率低于激磁频率很多；仪表输出本质上是线性的；易于选择与流体接触件的材料品种，可应用于腐蚀性流体等优点。但是对测量导电流体的电导率有要求，不能测量气体、蒸汽和电导率低的石油流量。由于电磁流量计测量含有悬浮固体或污脏体的机会远比其他流量仪表多，出现内壁附着层产生的故障概率也就相对较高。若附着层电导率与液体电导率相近，仪表还能正常输出信号，只是改变流通面积，形成测量误差的隐性故障；若是高电导率附着层，电极间电动势将被短路；若是绝缘性附着层，电极表面被绝缘而断开测量。

2. 超声波流量计

超声波流量计是通过检测流体流动对超声束（或超声脉冲）的作用以测量流量的仪表。根据对信号检测的原理，超声流量计可分为传播速度差法（直接时差法、时差法、相位差法和频差法）、波束偏移法、多普勒法、互相关法、空间滤法及噪声法等。

超声流量计和电磁流量计一样，因仪表在流体通道上未设置任何阻碍件，均属无阻碍流量计，是适于解决对于测量流量困难的一类流量计，特别在大口径流量测量方面有较突出的优点。它的测量准确度很高，几乎不受被测介质的各种参数的干扰，尤其可以解决其他仪表不能测量的强腐蚀性、非导电性、放射性及易燃易爆介质的流量。缺点是可测流体的温度范围受超声波换能、耐温材料程度的限制，以及高温下被测流体传声速度的原始数据不全原因。目前我国只能用于测量200℃以下的流体。

只有正确选型才能保证超声波流量计更好地使用。选用什么种类的超声波流量计应根据被测流体介质的物理性质和化学性质来决定，使超声波流量计的通径、流量范围、衬里材料、电极材料和输出电流等都能适应被测流体的性质和流量测量的要求。

7.2.2.2 流量计维护

1. 电磁流量计

（1）查看流量计供电是否正常。

（2）查看流量计的各项指示是否正常。

（3）查看流量计的表体（连接管路、线路）是否出现泄漏、损坏、腐蚀的情况。

（4）检查流量计附近是否有新装强电磁场设备或有新装电线横跨流量计。

（5）定期做好校验工作，一般可以应用便携式流量计做比对分析，然后再结合所测数据完成计算，结果符合要求即可。

（6）每周擦拭1次表头及传感器上的灰尘，将能开启外壳的仪表用毛刷清理干净其内部空间。

（7）巡检维护完成后，将工作内容完整填写在值班记录中。

2. 超声波流量计

（1）查看流量计供电是否正常。

（2）查看流量计的各项指示是否正常。

（3）查看流量计的表体（连接管路、线路）是否出现泄漏、损坏、腐蚀的情况。

（4）检查流量计附近是否有新装强电磁场设备或有新装电线横跨流量计。

（5）定期做好校验工作，一般可以应用便携式流量计做比对分析，然后再结合所测数据完成计算，结果符合要求即可。

（6）外贴超声波流量计在完成安装后一般不会出现漏水、水压损失等问题，只需要定期对换能器进行检查，确保其没有松动即可。

（7）插入式流量计则需要对其探头上的水垢或其他杂质进行有效的清理。

（8）一体式流量计需要检查其与管道的法兰连接、同时需要控制好现场的湿度、温度等因素，防止对电子部件造成不良影响。

（9）每周擦拭1次表头及传感器上的灰尘，将能开启外壳的仪表用毛刷清理干净其内部空间。

（10）巡检维护完成后，将工作内容完整填写在值班记录中。

3. 插入式涡轮流量计

插入式涡轮流量计维护保养要注意以下几点：

（1）使用时，应保持被测介质的清洁，不含纤维和颗粒等杂质。

（2）涡轮流量传感器在开始使用时，应先将传感器内缓慢地充满介质，然后再开启出口阀门（阀门应安装在流量计后端），严禁传感器处于无介质状态时受到高速流体的冲击。

（3）涡轮流量传感器的维护周期一般为半年。检修清洗时，请注意勿损伤测量腔内的零件，特别是叶轮。装配时请看好导向件及叶轮的位置关系。

（4）涡轮流量传感器不用时，应清洗内部介质，吹干后且在传感器两端加上防护套，防止尘垢进入，然后置于干燥处保存。

（5）配用的过滤器应定期清洗，不用时应清洗内部的介质，同传感器一样，加防尘套，置于干燥处保存。

（6）在传感器安装前，用口吹或手拨叶轮，使其快速旋转观察有无显示，当有显示时再安装传感器。若无显示，应检查有关各部分，排除故障。

7.2.3 压力表运行维护

7.2.3.1 压力表作用和类型

1. 压力表作用

压力是工业生产中的重要工艺参数之一。如果压力不符合要求，不仅会影响生产效率，降低产品质量，甚至还会造成严重的安全事故，所以压力测量在工业生产中具有特殊的地位。压力仪表的正确使用，准确地测量出压力数值，掌握压力表的正确使用是相当必要的。

压力仪表本身存在的危险性很低，特别是和其所监视的生产系统相比，其危险性几乎可忽略不计。压力仪表的使用之所以需要受到高度重视，是在于压力仪表是自动连锁装置、传感装置和保护装置的前提，是各种反应装置获取压力信息的唯一途径。

压力仪表在生产系统中的作用无可替代，压力仪表运行时存在的细微问题都可能是安全上的隐患，特别是用于易燃、易爆、腐蚀、毒性等有害物质监控的压力仪表，一旦压力测量出现误差，可能会直接导致有害物质的泄漏，造成巨大的环境灾难。压力仪表的安全使用是每一个企业应尽的责任，更是每一个操作者的义务，这就要求压力表的使用企业从根本上提高压力仪表使用的安全性，从体制上减少压力仪表安全隐患的发生，为压力仪表的使用提供良好的环境。

2. 压力表类型

压力仪表是工业控制和测量过程中常用的机械设备，压力仪表可以分为机械式压力仪表和电子式压力仪表，其中机械式压力仪表因为拥有良好的弹性元件和很高的机械强度而备受使用者的青睐，在工业生产环节使用极为广泛。

机械式压力仪表的工作原理是通过内部的弹性敏感元件在压力下发生弹性变形来指示压力数值，机械压力表一般都使用弹簧管、膜片、膜盒及波纹管作为弹性元件，这些弹性元件在发生形变后会通过齿轮传动机构将变形放大，从而显示出相应的压力值。

压力仪表所测量出的压力一般都是相对压力，也就是以大气压力作为相对点来进行测量，压力仪表最后所显示的结果也是被测量对象在大气压力条件下所呈现出的压力。压力仪表在测量范围内都是由指针来指示压力值，指针所对应的刻度盘一般都是270°。

7.2.3.2 压力表维护

1. 机械压力表的维护内容

（1）检查各部位是否装配牢固，不得松动，无裂痕和锈蚀现象。

（2）压力表应保持洁净，表盘上的玻璃应明亮清晰，使表盘内指针指示的压力值清晰易见，表盘玻璃破碎或表盘刻度模糊不清的压力表应停止使用。

（3）压力表的连接管要定期吹洗，以免堵塞。特别是用于有较多油垢或其他黏性物质的气体的压力表连接管，更应经常吹洗。

（4）检查压力表指针的转动与波动是否正常，检查连接管上的旋塞是否处于全开位置。

（5）压力表运行3个月后就得对其进行1次一级保养，主要是检查压力表能否回零，查看三通旋塞及存水弯管接头是否泄漏，以及检查并冲洗存水弯管，确保畅通。

（6）压力表运行1年后就得对其进行1次二级保养，这时可以将压力表拆卸下来，送计量部门校验并铅封。拆卸检查存水弯管，丝扣应完好。拆卸检查三通旋塞，研磨密封面，保证严密不泄漏，其连接丝扣应完好无损。存水弯管、三通旋塞除锈、涂刷油漆。

（7）当压力表在运行中发现失准时，必须及时更换。更换的必须是经过计量部门校验合格的有铅封的压力表、在校验有效期内的压力表或有出厂合格证明的新表。换表之前，必须将三通旋塞旋至冲洗压力表的位置，将存水弯管内的污物冲洗干净。然后，将三通旋塞旋至存水弯管存水的位置，用扳手取下旧表，换上新的压力表。最后，将三通旋塞旋至正常工作时的位置，使新表投入运行。

（8）巡检维护完成后，将工作内容完整填写在值班记录中。

2. 电子压力表的维护内容

（1）查看电子压力表供电是否正常。

（2）查看电子压力表的各项指示是否正常。

（3）查看电子压力表的表体（连接管路、线路）是否出现泄漏、损坏、腐蚀的情况。

（4）检查电子压力表附近是否有新装强电磁场设备或新装电线横跨流量计。

（5）每周擦拭1次表头上的灰尘，将能开启外壳的仪表用毛刷清理干净其内部空间。

（6）压力表的连接管要定期吹洗，以免堵塞。特别是用于有较多油垢或其他黏性物质的气体的压力表连接管，更应经常吹洗。

（7）检查压力表指针的转动与波动是否正常，检查连接管上的旋塞是否处于全开位置。

（8）压力表运行3个月后就得对其进行1次一级保养，主要是检查压力表能否回零，查看三通旋塞及存水弯管接头是否泄漏，以及检查并冲洗存水弯管，确保其畅通。

（9）压力表运行1年后就得对其进行1次二级保养，这时可以将压力表拆卸下来，送计量部门校验并铅封。拆卸检查存水弯管，丝扣应完好。拆卸检查三通旋塞，研磨密封面，保证严密不泄漏，其连接丝扣应完好无损。存水弯管、三通旋塞除锈、涂刷油漆。

（10）当压力表在运行中发现失准时，必须及时更换。更换的必须是经过计量部门校验合格的有铅封的压力表，在校验有效期的压力表或有出厂合格证明的新表。换表之前，必须将三通旋塞旋至冲洗压力表的位置，将存水弯管内的污物冲洗干净。然后，将三通旋塞旋至存水弯管存水的位置，用扳手取下旧表，换上新的压力表。最后，将三通旋塞旋至正常工作时的位置，使新表投入运行。

（11）巡检维护完成后，将工作内容完整填写在值班记录中。

7.2.4 起重设备运行维护

为了满足方便安装、检修或更换设备的需要，大、中型泵站要设置起重设备，小型泵站可用临时起重设备工作。

7.2.4.1 起重设备的选择

泵房中必须设置起重设备以满足机泵安装与维修需要。它的服务对象主要为：水泵、电机、阀门及管道。选择什么起重设备取决于这些对象的重量。

常用的起重设备有移动吊架、单轨吊车梁和桥式行车（包括悬挂起重机）三种，除吊架为手动外，其余两种既可手动，也可电动。

表7.8为参照规范给出的起重量与可采用的起重设备类型，可作为设计时的基本依据。泵房中的设备一般都应整体吊装，因此，起重量应以最重设备并包括起重葫芦吊钩为标准。选择起重设备时，应考虑远期机泵的起重量。但是，如果大型泵站，当设备重量大到一定程度时，就应考虑解体吊装，一般以10t为限。凡是采用解体吊装的设备，应取得生产厂方的同意，并在操作规程中说明，同时在吊装时注明起重量，防止发生超载吊装事故。

表7.8　　泵房内起重设备选定

起重量/t	起重设备形式	起重量/t	起重设备形式
<0.5	固定吊钩或移动吊架	>3.0	电动起重设备
0.5~3.0	手动或电动起重设备		

7.2.4.2　起重设备的布置

起重设备布置主要是研究起重机的设置高度和作业面两个问题。设置高度从泵房天花板至吊车最上部分应不小于0.1m，从泵房的墙壁至吊车的突出部分应不小于0.1m。

桥式吊车轨道一般安设在壁柱上或钢筋混凝土牛腿上。如果采用手动单轨悬挂式吊车，则无须在机器间内另设壁柱或牛腿，可利用厂房的屋架，在其下面装上两条工字钢，作为轨道即可。

（1）吊车的安装高度应能保证在下列情况下，无阻地进行吊运工作：

1）吊起重物后，能在机器间内的最高机组或设备顶上越过。

2）在地下式泵站中，应能将重物吊至运输口。

3）如果汽车能开入机器间中，则应能将重物吊到汽车上。

泵房的高度大小与泵房内有无起重设备有关。在无吊车设备时，应不小于3m（指进口处室内地坪或平台至屋顶梁底的距离）。当有起重设备时，其高度应通过计算确定。其他辅助房间的高度可采用3m。

（2）深井泵房的高度需考虑下列因素：

1）井内扬水管的每节长度。

2）电动机和扬水管的提取高度。

3）不使检修三脚架跨度过大。

4）通风的要求。

7.2.4.3　起重设备的维护

1. 起重机的日常维护

（1）检查并确认电控箱、手操作控制器完好，电源滑触线接触良好。

（2）检查并确认大车、小车、升降机构运行稳定，制动可靠。

（3）检查并确认接地线及系统连接可靠。

（4）检查并确认吊钩和滑轮组钢丝绳排列整齐。

（5）检查并确认滑轮组和钢丝绳油润充分。

（6）检查并确认齿轮箱、大车、小车、驱动机构润滑良好。

2. 起重机的定期维修
(1) 检查并确认桥架结构件螺栓紧固。
(2) 检查并确认箱形梁架主要焊接件的焊缝无裂纹、脱焊。
(3) 检查并确认大车、小车的主驱动、传动轴、联轴节和螺栓连接紧固。
(4) 检查并确认卷扬机、钢丝绳无严重磨损和缺油老化。
(5) 检查并确认齿轮箱、轴承和传动齿轮无严重磨损。
(6) 检查并确认车轮及轨道无严重磨损和啃道。
(7) 检查并确认电器件完好有效。

7.2.5 通风与采暖设备运行维护

7.2.5.1 通风设备介绍

泵房内一般采用自然通风。地面式泵房为了改善自然通风条件，往往设有高低窗，并且保证足够的开窗面积。当泵房为地下式或电动机功率较大，自然通风不够时，特别是南方地区，夏季气温较高，为使室内温度不超过35℃，以保证工人有良好的工作环境，并改善电动机的工作条件，宜采用机械通风。

机械通风分为抽风式和排风式。前者是将风机放在泵房上层窗户顶上，通过接到电动机排风口的风道将热风抽出室外，冷空气自然补充；后者是在电动机附近安装风机，将电动机散发的热气通过风道排出室外，冷空气也是自然补进。

对于埋入地下很深的泵房，当机组容量大、散热较多时，只采取排出热空气，自然补充冷空气的方法，其运行效果不够理想时，可采用进出两套机械通风系统。

泵房通风设计主要是布置风道系统与选择风机。选择风机的依据是风量和风压。

7.2.5.2 通风设备维护

1. 通风机的日常维护
(1) 检查通风机叶轮转向，进风、出风不得倒向。
(2) 检查通风机的运行工况，运行应平稳，无异响。
(3) 检查通风管密封，保证其完好、无异常，通风管固定螺栓应紧固。
2. 通风机的定期维修
(1) 每年检查1次风机进风口、出风口，清除风机内积尘，加注润滑油脂。
(2) 每3年解体维护1次，检查轴承磨损程度，必要时更换。

7.3 排水泵站工艺设施运行维护

7.3.1 排水泵站工艺设施的日常养护

7.3.1.1 进出水设施的日常养护

(1) 每年汛期到来前（3月、4月），对泵站进出水管线进行全面养护，开展清掏雨水口、更换或修复破损的雨水箅子和井盖、油刷踏步、清理出水口等项目。
(2) 进出水管线养护应符合以下要求：
1) 全面排查进出水管线运行状况，确保管道运行正常。

2) 进出水管线无影响排水功能的结构性病害，若发现应及时进行修复。

3) 进出水管线养护标准管道内存泥深度不大于管径的20%。

(3) 雨水口清掏应符合以下要求：

1) 雨水口清掏应包括雨水箅子清理、雨水口掏挖和雨水支管的疏通。

2) 雨水口养护应在汛期前完成，汛期中定期检查并根据结果进行养护。

3) 雨水口掏挖时应遵循泥不落地的原则，及时装载处置。

4) 雨水口内不得留有石块等阻碍排水的杂物，其允许积泥深度应符合表7.9要求。

表7.9　　　　　　　　　　雨水口允许积泥深度要求

设　施　类　别		允许积泥深度
雨水口	有沉泥槽	管底以下50mm
	无沉泥槽	管底以上50mm

5) 雨水支管疏通保证100%畅通，存泥深度不大于管径的20%。

6) 出水口掏挖应清除淤泥、垃圾等阻碍水流的杂物，保证水流畅通。

(4) 油刷踏步应符合以下要求：

1) 油刷工作宜在春秋两季进行。

2) 踏步涂漆时自下而上进行，涂漆要逐个进行；井上的人手提油漆桶放在适当的高度，并随井下作业人员位置的改变而移动；油漆内应加稀料，调和适当，作业时禁止明火。

3) 涂漆应由底面、侧面、根部、上面依次涂抹至均匀为止。

4) 踏步在未干前严禁踩踏。

(5) 检查井井盖和雨水箅子维护应符合以下要求：

1) 涉及检查井盖和雨水箅子的维修工作，井盖和雨水箅子的选用应符合国家标准。

2) 井盖的标志必须与管道的属性一致。

3) 铸铁井盖应采用新型五防井盖，在井盖易丢失地区可采用混凝土、塑料树脂等非金属材料的井盖。

4) 当发现井盖丢失或损坏后，必须及时安放护栏和警示标志，并应在4h内恢复。

7.3.1.2　蓄池、集水池的日常养护

1. 养护周期

(1) 定期养护：汛前、汛后各安排1次。

(2) 日常养护：汛期中每月检查1次。

2. 养护标准

(1) 池面无大块浮渣。

(2) 池底沉积物厚度不超过30cm。

3. 养护内容

(1) 定期抽低水位，冲洗池壁。

(2) 检查水位标尺和液位计是否正常，保持标尺和液位计表面的整洁。

(3) 检查池底沉积物是否影响流槽的进水。

(4) 检查池壁混凝土有无严重剥落、裂缝、腐蚀现象。

(5) 水尺、标志牌、警示牌表面应保持完好、洁净、醒目，每月擦洗 1 次；每年校核 1 次水尺的数值，保证测量准确。

(6) 调蓄池、集水池地面上方设置的金属护栏、栏杆、爬梯等设施表面应保持清洁、无破损，如需要涂刷油漆的，应定期涂刷油漆，每年 1 次。

(7) 每年汛期前后清理初期池、集水池、调蓄池及相关配水渠道，确保无积泥和附着物。

4. 养护工法

(1) 人工冲洗清淤：依靠人力进入雨水调蓄池，对沉积物进行冲洗、清扫、搬运。采用人工冲洗清淤时，必须严格执行相关有限空间作业流程，确保通风透气，下池作业人员应佩戴安全防护用品及气体检测仪。

(2) 水力设备清淤：冲洗频率宜依据使用频率而定。

7.3.2 排水泵站工艺设施的定期维修
7.3.2.1 进出水构筑物的定期维修

泵站进出水构筑物土工边坡、护堤及所有土工建筑物，一旦发现有白蚁、鼠、兽等的破坏，应采用药物毒杀、诱杀、人工捕杀等方法处理。发现裂缝时，应根据裂缝特性按照下列规定处理：

(1) 干缩裂缝和深度小于 0.5m、宽度小于 5mm 的纵向裂缝，一般采取封闭缝口处理。

(2) 深度不大的表层裂缝（深度小于 1m，宽度小于 10mm），可采用开挖回填处理。

(3) 深度较深的非滑动性的内部深层裂缝，宜采用灌浆处理；对自表层延伸到土堤深部的裂缝，宜采用上部开挖回填与下部灌浆相结合的方法处理，并宜采用重力或低压灌浆，但不宜在雨季和高水位时进行。当裂缝出现滑动现象时，则严禁灌浆。

(4) 浆砌、灌砌块石护坡、护底发生松动、塌陷、隆起、底部掏空、垫层散失等现象时，要先查明原因再进行维修。如护坡土坡未夯实，应挖除损坏部分，重新夯实该土层；如基础出现微量沉陷，应拆除损坏部分，但不宜用土回填，应用沙砾石加厚垫层，然后将浆砌、灌砌块石按原设计重新翻修、整修。

(5) 浆砌、灌砌块石护坡、墙身产生细裂缝时，可沿裂缝凿成深度大于等于 30mm、宽度大于等于 15mm 的 V 形槽，用压力水冲洗干净。然后把缝内积水除掉，用水泥砂浆嵌填缝口，当封闭砂浆达到一定强度后，再向裂缝灌注水泥浆。

(6) 浆砌、灌砌块石墙身严重渗漏的，可采取灌浆处理。墙身发生倾斜或有滑动迹象时，可采取墙后挖土减载，墙前加支撑的方法处理。墙基出现冒水、冒沙现象，应采取墙后降低地下水位，墙前增设反滤设施的方法处理。

(7) 伸缩缝填料老化，脱落流失，应及时填充。

(8) 发现进出水流道混凝土表层严重磨损时，可修筑围囹，将水排干后，在磨损处涂抹环氧树脂。

(9) 进出水混凝土管道出现裂缝时，细裂缝和网状裂缝可采用压抹或喷涂方法更换旧面层。裂缝缝宽大于 0.3mm 的，可采取凿槽嵌填水泥胶浆等速凝材料或石棉膨胀水泥填实。

(10) 进出水管道管坡、管床、镇墩、支墩发生裂缝的，轻的用环氧玻璃丝布粘贴，重的用凿槽嵌填环氧水泥砂浆修补。

(11) 管道伸缩缝、沉降缝出现漏水时，充填物损失的应予以补充，止水损坏的应予以更换。

7.3.2.2 调蓄池、集水池的定期维修

(1) 调蓄池、集水池的混凝土及钢筋混凝土挡墙、翼墙、墩等水下结构部分如发生风化、脱壳、剥落、机械或人为损坏、碳化、钢筋锈蚀等现象，应凿除损坏部分，根据损坏原因、环境条件、损坏程度、材料及施工条件等选用涂料封闭、砂浆涂抹、喷浆、钢板覆盖等多种修补措施。锈蚀钢筋应除锈；损坏严重的，按原规格更换。

(2) 电机层以下建筑物挡水结构局部有非受力裂缝，有窨潮无渗水现象，可选用环氧树脂类、聚酯树脂类、聚氨酯类、改性沥青类等涂料喷涂背水面，或选用粘贴玻璃丝布或聚氯乙烯片材等进行修补。

(3) 混凝土墙体有渗水、漏水现象。可利用枯水期水位下降的机会在迎水面修补，或在迎水面水下修补。一般尽量用背水面涂抹法，必要时应用迎水面贴补法：

1）背水面涂抹法：先将渗漏处混凝土表层凿去20~30mm，清除和冲洗表层，再涂抹防水砂浆；或将渗漏部位凿去5~10mm，冲洗干净表层后，涂抹环氧水泥砂浆。

2）迎水面贴补法：可在枯水期水位下降时找到渗漏缝隙，清除污垢，凿出新混凝土层面，冲洗烘干，用玻璃丝布环氧基液进行粘贴修补。

3）水下施工：潜水员凿槽、嵌填水下聚合物水泥砂浆、水下树脂砂浆等。

7.4 排水泵站自动控制系统维护

7.4.1 一般规定

(1) 泵站自动化的维护管理对象应包括自动化系统中涵盖的仪表、PLC、安防系统设施、电力监控系统设施、网络设施等。维护管理内容包括：设施维护、检测、大中修及更新改造、备品备件管理等。

(2) 泵站运行维护管理单位应制定维护管理制度，并应定期修订；应编制维护与检修计划和维护保养手册。

(3) 设施维护应编制维护计划，并应对维护工作的发起时间、发起原因、作业过程、质量验收等进行全过程的跟踪管理。

(4) 设施维护应包括下列主要内容：

1）设施主要性能的定期测试或试验。

2）周期性的润滑、防腐、紧固、疏通和耗材更换等保养工作。

3）设施缺陷的维修，不达标设备及其元器件的修理或更换。

4）内外环境及设施设备的清洁、清理、除尘等保洁工作。

(5) 当发生下列情形之一时，应及时进行检测：

1）达到设施设计使用年限。

2）经多次小规模维修，同一故障反复出现，且影响范围或程度逐步增大。

3) 因自然灾害、环境影响或管线事故、设备事故等，造成设施较大程度损害。
4) 其他需要进行及时检测的情况。
(6) 当发生下列情形时，应进行大中修及更新改造：
1) 泵站自动化系统存在重大生产安全隐患，经检测或鉴定，宜进行大中修。
2) 设施达到设计使用年限或使用寿命，经评估后不满足安全使用要求。
3) 设施因技术升级等原因，需改变、增加原有功能或提升主要性能。
4) 其他应进行大中修及更新改造的情况。
(7) 泵站自动化系统维护过程中应对维护所需备品备件的存储、维护和使用进行管理，并应建立管理台账。

7.4.2 自动化监测传感器维护频次

(1) 超声波、雷达液位仪表传感器每6个月维护1次，投入式液位仪表传感器每月维护1次。
(2) 雨量计维护应每6个月维护1次，汛期内可加密维护频次。
(3) 在线水质分析仪表传感器维护每周应不少于1次。在线水质分析仪表传感器自动清洗装置维护每月不少于1次。

7.4.3 监测仪表校验频次

(1) 液位、温度、压力、流量、转速、振动监测等在线热工类仪表每半年应进行1次测试。每年应由有资质的单位进行1次校准。
(2) 流量计标定应由有资质的计量机构进行，标定周期每年1次。
(3) 雨量计校验应每半年不少于1次。

7.4.4 自动控制系统设备维护频次

(1) 可编程逻辑控制器（PLC）、远程终端单元（RTU）、通信设备及通信接口维护、通信系统的工况和性能校验每年不少于2次。汛期内可加密维护频次。
(2) 触摸屏、监控工作站、数据库服务器维护每季度不少于1次。汛期内可加密维护频次。
(3) 网络设备及安全性检查和维护每季度不少于1次。在不影响系统正常使用的情况下，应及时升级网络安全软件。
(4) 机房内防静电设施检查每半年不少于1次。冬季可加密检查频次。
(5) 自动控制系统供电系统、不间断电源（UPS）切换时间、电池备用时间维护每年不少于1次。
(6) 自动控制系统的接地和防雷设施的检查和维护每半年不少于1次。
(7) 系统监控、趋势图、报表等系统功能检查，控制指令执行可靠性、及时性维护每季度不少于1次。
(8) 数据库存储准确性、完整性、剩余存储空间及运行效率维护每两个月不少于1次。汛期内可加密维护频次。
(9) 系统的自诊断、声光报警、保护及自启动、通信等功能每季度不少于1次。
(10) 环境监测，周界防护系统报警设定值校验每季度不少于1次。

(11) 手动和自动（遥控）控制功能优先权等检查每季度不少于1次。汛期内可加密检查频次。

7.4.5 视频监控系统维护频次

(1) 摄像机防护罩人工清洗每半年不少于1次。

(2) 摄像系统供电系统检查和维护每半年应不少于1次。

(3) 摄像系统的接地和防雷设施检查和维护每半年应不少于1次。

(4) 视频显示装置的显示清晰度、流畅度检查和维护每季度应不少于1次，确保视频旋转、变焦、夜视功能正常。

7.4.6 系统维护

(1) 泵站设备监视信息主要包括设备运行状态、技术参数、报警信息和操作记录等，每年至少应备份维护1次。

(2) 视频监控信息主要包括泵站重点部位、工程险工险段和主要设备操作的视频信息，每半年至少应备份1次。

(3) 对操作系统和应用系统的账号和用户权限分配每月应至少检查1次，删除长期不用和废弃的系统账号和测试账号。

(4) 计算机和自动化系统口令复杂度不应使用弱口令或通用口令，应每月至少更换1次。

(5) 对上级单位下发的网络攻击预警和漏洞隐患，应及时采取补救措施，并进行记录。

(6) 安全漏洞修补和病毒查杀每月应至少进行1次。

(7) 应自行或委托网络安全服务机构对泵站自动化系统的安全性每两年至少进行1次风险评估，对发现的问题限期整改，并将有关情况报上级运行管理部门。对较为严重的问题，应立即断开其与自动化系统网络的连接，待整改完成后再重新接入。

7.5 泵站建筑物的管理与维护

7.5.1 一般规定

(1) 泵站建筑物应有防汛、防雷、防火措施。

(2) 应根据泵站的特点合理确定工程观测的项目。主要观测项目按《泵站设计标准》（GB 50265）的规定执行。

(3) 泵站建筑物观测项目主要有：

1) 一般性观测项目：垂直位移、水平位移、裂缝、河床变形等。

2) 专门性观测项目：泥沙、扬压力、伸缩缝变形等。

3) 观测周期：工程完工后5年内，应每季度观测1次；以后每年汛前、汛后各观测1次。

(4) 应根据设计布置的观测点和频率进行观测，若超设计标准运用必须增加观测次数。工程观测资料应进行整理分析，并留存备查。

（5）必要时需进行混凝土建筑物表面损坏的修补、底板裂缝和墙身渗漏的处理、穿堤涵（管）的加固处理、砌石工程的维修等建筑物常见缺陷处理，处理后应做好资料留存备查。

（6）泵站建筑物除做好正常维护外，应根据运用情况及时开展维修并保留相关记录资料。

7.5.2 泵房

（1）应注意观测旋转机械或水力引起的结构振动，严禁在共振状态下运行。

（2）应防止过大的冲击荷载直接作用于泵房建筑物。

（3）建筑物屋顶应防止漏水、泛水，天沟、落水斗、落水管应完好且排水畅通，内外墙涂层或贴面应清洁、美观。

（4）建筑物外露的金属构件应定期做防腐处理，一般每年1次，遭受腐蚀性气体侵蚀和漆层容易剥落的地方，应根据具体情况适当增加涂刷油漆的次数。

第8章

排水泵站运行检查和管理

8.1 排水泵站运行检查

8.1.1 泵站运行巡视检查规定

(1) 管理单位应结合各个站点实际情况制定相应的运行巡视检查制度。

(2) 运行人员以额定运行参数和安全运行条件为依据、按规定的巡视路线和项目内容进行巡视检查。

(3) 巡视检查时，应两人以上协同进行。每次巡查后，应认真填写有关记录。巡视检查重点应包括以下方面内容：

1) 操作过的设备。
2) 检修试验中的安全措施。
3) 缺陷消除后的设备。
4) 运行参数异常的设备。
5) 防火检查。
6) 上下游河道。

(4) 遇有以下情况应增加巡查次数：

1) 恶劣气候。
2) 设备过负荷或负荷有显著增加。
3) 设备缺陷近期有发展。
4) 新设备、经过维修和改造的设备、长期停用的设备投入运行。
5) 事故跳闸和运行设备有异常。

(5) 高压电气设备巡视检查应由取得相关资格的人员进行。

(6) 巡视检查高压电气设备时，不应进行其他工作，不得移开或越过安全遮栏，在不设警戒线的地方应保持足够的安全距离。（注1：电气高压设备不停电的安全距离：10kV及以下不小于 0.7m，35kV 不小于 1.0m，110kV 不小于 1.5m。注2：工作人员工作中正常活动范围与带电设备的安全距离：10kV 及以下不小于 0.35m，35kW 不小于 0.6m，110kV 不小于 1.5m。）

(7) 雷雨天气，巡视室外高压设备时，应穿绝缘靴，远离避雷器和避雷针。

(8) 高压设备发生接地时，室内不得接近故障点 4m 以内，室外不得接近故障点 8m 以内。进入上述范围内的人员应穿绝缘靴，接近设备的外壳和架构时，应戴绝缘手套。

(9) 在巡视检查中发现设备缺陷或异常运行情况应及时向值班长汇报，对重大缺陷或严重情况应及时向值长负责人汇报，并及时采取有效的处置措施。

8.1.2 泵站电气设备巡视检查
8.1.2.1 主变压器的巡视检查项目
1. 正常巡视

(1) 变压器运行声音是否正常。

(2) 变压器油色、油位是否正常，各部位有无渗油现象。

(3) 变压器油温及温度计指示正常，远方测控装置指示是否正确。（规程规定上层油温度不得超过85℃；对于强迫油循环水冷却和风冷却的变压器，上层油温不宜经常超过75℃。）

(4) 变压器两侧母线无悬挂物，金具连接是否紧固；引线不应过松或过紧，接头接触良好。试温片有无变色或有融化现象。

(5) 呼吸器是否畅通；硅胶是否变色；瓦斯继电器是否充满油；压力释放阀（安全气道）是否完好无损。

(6) 瓷瓶、套管是否清洁，有无破损裂纹、放电痕迹及其他异常现象。

(7) 主变外壳接地接触是否良好，基础是否完整，有无下沉有无水泥脱落或裂纹。

(8) 有载分接开关的分接指示位置及电源指示是否正常。

(9) 冷却系统的运行是否正常。

(10) 各控制及二次端子箱是否关严，电缆穿孔封堵是否严密，有无受潮。

(11) 警告牌悬挂是否正确，各种标示是否齐全明显。

2. 特殊巡视

(1) 大风天气时，检查引线摆动情况及变压器上是否有悬挂物。

(2) 雷雨天气后，检查套管是否有闪络放电现象，避雷器计数器是否动作。

(3) 暴雨天气时，检查站内外排水情况，周围是否有洪水、滑坡、泥石流、塌陷等自然灾害的隐患。

(4) 大雾天气时，检查瓷瓶、套管有无放电现象，并应重点监视污秽瓷质部分有无放电现象。

(5) 下雪天气时，根据积雪检查各接点的发热情况，并及时处理积雪与冰柱。

(6) 发生近距离短路故障后，检查变压各侧套管接头有无异常。

(7) 主变压器满负荷运行时，应加强负载、油温、油位的监视，并检查套管、接头及引线有无过热现象。

3. 干式变压器巡视检查项目

(1) 绝缘子、绕组的底部和端部无积尘。

(2) 各紧固部件无松动发热，绕组绝缘表面无龟裂、爬电和碳化痕迹，声音正常，负荷指示正常。

(3) 干式变压器的最高温升值应按制造厂规定执行，如制造厂无规定应按表8.1执行。

(4) 干式变压器各种仪表完好、指示正确。

8.1.2.2 开关柜的巡视检查项目
(1) 检查隔离开关操作机构及联锁的情况，使其满足本技术条件的要求。

表 8.1　　　　　　　　　　干式变压器各部位允许最高温升值

变压器部位	绝缘等级	允许最高温升值/℃	测量方法
绕组	E	75	电阻法
	B	80	
	F	100	
铁芯表面积结构零件表面		最大不应超过接触绝缘材料的允许最高温升值	温度计法

(2) 开关柜上指示灯、带电显示器和保护装置指示应正常，操作方式选择开关、机械操作把手投切位置应正确，驱潮加热器工作应正常。

(3) 柜体应无放电声、异味和不均匀的机械噪声。

(4) 柜体、母线槽应无发热、变形、下沉、各封闭板螺丝应齐全，无松动、锈蚀，接地应牢固。

(5) 检查主回路隔离开关触头的情况，擦除动静触头上陈旧油脂，察看触头有无损伤、弹簧力有无明显变化，有无因温度过高引起的氧化现象，如有以上情况应及时处理。

(6) 检查接地回路各部分情况，包括接地触头、接地母线等，保证其导电连续性。

(7) 检查二次触头有无异常情况并进行必要的修正。

(8) 接地牢固可靠，封闭性能及防小动物设施应完好。

8.1.2.3　低压配电柜巡视检查项目

(1) 电路中的各部位的连接点无过热现象，三相负荷要平衡、三相电压要相同。

(2) 零部件完整齐全，板体或盘面不变形，整洁无油污、积尘、无锈蚀。

(3) 低压开关柜的门应开启灵活完好、并闭锁。

(4) 接地标志明显，接地装置符合规定。

(5) 保护装置及计量仪表动作灵敏可靠，指示正确，校验合格齐全。

(6) 二次回路配线整齐，导线绝缘良好，无损伤，柜内导线不得有接头。

(7) 各元件安装设牢固，不松动、不发热。

8.1.2.4　隔离开关的巡视检查项目

1. 高压隔离开关巡视检查项目

(1) 绝缘子是否清洁、完整、无裂纹、放电闪络现象。

(2) 机械部分是否正完好，部件有无脱落变形，限位销子是否插入。

(3) 闭锁装置是否正常，程序锁、挂锁有无锈蚀和损坏。有无防雨措施。

(4) 触头接触是否良好，接触点是否发热，有无烧伤痕迹，引线有无散股、断股现象。

(5) 接地刀闸接地是否良好。

(6) 构架有无裂纹、倾斜、下沉现象。

2. 低压隔离开关巡视项目

(1) 检查传动机构有无锈蚀、弯曲、变形、脱销现象。

(2) 三相刀片在水平位置，导电回路的线夹和电气触头接触可靠，连续无断股，各紧固元件牢固无开裂现象在额定电流下，触头温度不应超过 70℃。

(3) 操作机构完好，接地可靠。水平、竖直连杆无弯曲变形，限位销牢固、到位。

(4) 闭锁装置是否良好，辅助接点接触是否良好，联动机构完好，外罩封闭严密。

8.1.2.5 防雷设施的巡视检查

1. 日常巡视检查项目

(1) 瓷质、法兰部分有无破损、裂纹及放电现象；硅橡胶外壳表面是否有老化、裂纹等痕迹。

(2) 检查放电计数器是否动作，外壳有无破损，内部有无水珠。

(3) 检查引线是否牢固，接地是否良好。

(4) 避雷器内部有无异常声响。

2. 特殊天气的防雷设施巡视项目

(1) 大风天气时，检查避雷针、避雷器引线的摆动情况。

(2) 雷雨后，检查放电计数器动作情况。

(3) 检查引线及接地线是否牢固，有无损伤，塔身有无倾斜，基础有无沉陷变形现象。

8.1.2.6 微机监控装置的巡视检查项目

(1) 自动化系统的各类软件，应由专业人员负责进行维护，定期检查、测试、分析软件的稳定性和各功能的实际情况。

(2) 远动装置应采用双电源供电方式，失去主电源时，备用电源应能可靠投入。

(3) 变电站高压设备、保护、直流、仪表等改造完毕，恢复远动二次接线后，应进行相关远动试验，并根据设备变更情况及时更改远动装置的显示图形和设备运行参数。

(4) 各种模拟量、开关量指示正确。

(5) 监控系统实时监控程序各种功能（遥控操作、防误闭锁、权限设置、信号报警及复归等）正确、完备。

(6) 故障停用时间连续不得超过72h，设施、通信设备完好。

(7) 微机保护装置自检正常；打印机打印功能正常，不间断电源工作正常，装置上的各种信号指示灯正常。

(8) 显示屏、监控屏上的遥信、遥测信号正常。

(9) 监控系统因故停止运行或严重缺陷时，应立即汇报公司调度。

(10) 发生监控系统拒绝执行操作命令时，应立即停止操作，检查自身操作步骤是否正确，如确认无误，方可进行手动操作。发生监控系统误动时，应立即停止一切与微机监控系统有关的操作，并立即汇报公司调度。

(11) 检查后台机（含UPS装置）运行是否正常。

(12) 检查主菜单中各个子菜单（功能开关）是否完备，检查有关数据显示是否正常。各遥测、遥信量是否正确无误。

(13) 后台打印机工作是否正常，打印纸安装是否正确，数量是否足够。

(14) 检查或维护过程中，严禁更改后台参数、图表及实际数据。禁止退出监控系统。

8.1.2.7 水池、液位计巡视检查项目

(1) 每班对水池进行巡视检查，水池井盖封闭严密，加锁可靠，无沉陷塌方，进水阀

门井盖齐全，阀门井各部件完好，溢流管口防护网无破损。

(2) 水池标杆浮标、电子液位计指示正确，严寒季节对水池标杆浮标进行特殊巡视，防止水池标杆和浮标相互冻结。

(3) 电子液位计按规定进行定期校验，显示清晰，能正确指示水池静水位，如出现指示连续不变化时，值班员应进行观察如有问题及时汇报。

8.1.3 泵站机械设备巡视检查

8.1.3.1 水泵机组巡视检查项目

(1) 检查注意电压、电流的变化。当电流超过额定电流，电压超过额定电压的±5%时，应停止水泵，检查原因，进行处理。

(2) 检查各部件轴承温度是否超限（滚动轴承不得超过75℃，滑动轴承温度不超过65℃）；检查电动机温度是否超过铭牌规定值。

(3) 检查轴承润滑情况是否良好；检修人员应每季度对采用锂基脂润滑的水泵机组的润滑部位进行检查，如有变质、变色应立即更换，锂基脂润滑数量为轴承腔容积的1/3～1/2，每运行5000h更换1次。采用锂基脂润滑的水泵机组润滑周期到期时，由值班员提前两周以《每周运行情况表》上报所在单位，所在单位以一般缺陷形式上报。值班人员做好验收工作。水泵轴承机油润滑必须每班进行检查，油位低于机油标尺的下线须补油，油箱油位保持在1/3～2/3之间、下标尺线。

(4) 检查各部件螺栓及防松装置是否完整齐全，有无松动。

(5) 注意各部音响及振动情况，有无由于汽蚀而产生的噪声。

(6) 检查填料密封情况，填料箱温度和平衡装置回水管的水量是否正常，冷却系统完好，填料函密封完好、不过热，滴水不成线（填料处每分钟滴水不超过60滴，新更换填料及大修后水泵运行滴漏不超过48h）。

(7) 检查注意观察压力表看是否超过运行中规定值；高压泵房停泵后观察出水母管压力变化，根据压力的变化判断出水管路有无泄压现象。

(8) 检查清水池水位是否在最低与最高水位限以上。

8.1.3.2 阀门巡视检查项目

(1) 阀门外露螺纹、阀杆和螺母的结合部分清洁并润滑良好。

(2) 阀体支架、手轮完整和清洁。

(3) 阀盖和阀体盘无渗漏现象。

(4) 各阀门操纵是否灵活，动作可靠，启闭灵活，指示正确。

(5) 阀门是否漏水，排气阀是否正常。

(6) 阀门井盖有无丢失损坏情况。

8.1.3.3 多功能控制阀（逆止阀）巡视检查项目

(1) 主阀各部件完好，紧固件齐全，无松动。

(2) 阀盖和阀体盘无渗漏现象。

(3) 启闭动作灵活可靠，阀板关闭严密。

8.1.4 泵站设施巡视检查

(1) 泵站内房屋类设施、照明完好情况，厂区卫生情况。

(2) 院墙或围栏是否有破损情况。
(3) 院内进出水管线、检查井、雨水口完好情况。
(4) 院内自来水系统完好情况。
(5) 消防器材完好情况。
(6) 调蓄池入口有无破损或侵入，井盖是否丢失。
(7) 桥下标尺完好情况。

8.1.5 泵站内特殊检查项目

(1) 冬季重点检查门窗是否严密，防止小动物进入室内的措施是否可靠。
(2) 严寒季节，检查保温取暖装置是否正常，温度是否符合规定。
(3) 严寒季节，重点检查室外管子是否被冻裂。
(4) 雨季时，应重点检查房屋有无漏雨现象，基础有无倾斜下沉，排水沟排水是否良好。
(5) 雨天机房、场院是否被淹，防洪设施是否坍塌或损坏。

8.2 排水泵站运行调度

8.2.1 一般规定

(1) 排水泵站的来水过程线可通过调蓄演算确定。确定来水过程线后，可根据泵站的提排水能力、工程配套、历年水文资料、排涝实绩，预先制订各种雨情的排涝计划，然后依据天气预报的雨情，有计划蓄调。

(2) 宜根据工程及水泵配套的实际情况，测定水泵装置特性曲线。水泵装置特性曲线与水泵性能曲线的交点，就是水泵的工作点，确定工作点有利于在装置最高效率工况运行。没有条件测定时，可对照模型曲线换算。

(3) 宜通过泵站性能参数和水文气象分析，建立泵站与其他相关水利工程联合运行的水力特性关系。建立泵站与其他相关工程联合运行的水力特性关系，可充分发挥泵站工程效益，还可节省能源。排水泵站与自排闸调蓄湖泊联合运用，可做到高水高排，低水低排；适当抬高内河、内湖的蓄水位，不仅创造了更多的自流外排机会，减少了开机时间，还可降低泵站的提水扬程；当外江水位高于泵站地面高程而不能自流外排时，尽量利用河湖汛期蓄水，汛后自排或抓住汛期外江水位短期回落时机进行自流抢排。

8.2.2 排水泵站的运行方式选择

水泵的工作性能可以通过改变水泵转速（变速调节）、改变叶片安装角（变角调节）等措施进行改变，管路系统阻力曲线可以通过调整闸阀的开度改变，通过这些措施，能够将水泵的工作点在扬程发生变化之后移动到所需要的位置，从而达到满足提水流量，节约能源的目的。目前主要有以下几种运行方式。

8.2.2.1 水泵效率最高的方式

泵站效率由电动机、水泵、管路系统、传动、进出水池等部分构成，对于水泵选型配套以及管路系统设计合理的泵站，一般来说，水泵最高效率对应的工作点与泵站最高效率对应的工作点偏移很小，因此按照水泵效率最高的方式运行可以获得较高的泵站效率，从而减少能源单耗。但是对于那些水泵选型配套以及管路系统设计不够合理的泵站，电动机效率、管路系统效率以及进出水池的效率不一定会最高，这时泵站的效率也不一定会最高。

8.2.2.2 耗电量最少的方式

单位水量所消耗的用电量，不仅与泵站效率有关，同时也与扬程有关，只有在扬程一定的情况下，选择泵站效率最高的工况运行，才能使单位水量耗费的能量最小，由于排涝泵站的排出水位是经常变化的，低扬程工况运行即使泵站效率不高，但是单位水量消耗的能量较小，在制订泵站排水计划时，可以适当抬高内河、内湖的蓄水位，尽量利用河湖汛期蓄水，抓住汛期外江水位短期回落时机，打开闸门，创造更多的自流外排机会，自排是最经济的运行方式，单位排水量的耗电量为零。

即使要开机，也尽量争取在低扬程工况下运行。这种工况输出的功率不高，Q、H 的乘积不大，同时也很难在高效率区运行，但是每千瓦时耗电所排出的水却比高扬程时要多。例如某一涝区一场暴雨产水量大约 1200 万 m^3，排水采用口径 1600mm，比转速为 1000 的轴流泵，如果按设计的 3m 工况运行，装置效率可达 0.6485，但是每耗 1kW·h 的电，排水只有 80m^3，排干积水需要耗电 150000kW·h；利用退潮时的低水位排水，选择平均为 0.743m 工况运行，则虽然装置效率仅 0.33，但是每耗 1kW·h 的电却能排水 163m^3，算起来排干积水只要耗电 74000kW·h 就够了，两种工况排水的装置效率、耗电量对比见表 8.2。

表 8.2   两种工况排水的装置效率、耗电量对比

扬程 /m	流量 /(m³/s)	功率 /kW	装置效率 /%	每度电提水 /[m³/(kW·h)]	总耗电 /(kW·h)
3	7.78	357.3	64.85	80	150000
0.743	8.82	194.8	33.00	163	74000

8.2.2.3 运行费用最低的方式

泵站的运行成本，除包括所耗费的电费外，还包括辅助设备的电费、大修折旧费、人员工资、行政管理费、维修费用等，这些费用的支出与泵站的运行时间有关，缩短运行时间，就可以降低这部分费用。另外，在实行峰谷电价的地方，尽量在电价低的时段运行，也会减少运行费用。

8.2.2.4 最大流量的运行方式

大暴雨后常常要求将涝水尽快排出，泵站应按满负荷时的最大流量运行，这时泵站效率可能不高，排水成本也不一定最低，但是按最大流量进行调度可以使排水区的损失最小，在这种特殊情况下，按流量最大的方式运行也是合理的。

但是在低扬程工况下运行，流量增加很多。有时会带来一些问题，由于流道的轴面速度增加，冲角减小，使作用在叶片某个截面的升力减小，甚至为负值，当负升力增加到大于水泵转轮的重量时，如果泵轴上没有安装反向推力轴承，可能会出现转轮被抬起的现象，这时轴流泵叶片与导叶间的距离很小，抬机后，叶轮与叶轮室上球面的边壁相碰撞，严重时会出现扫膛现象，使机组瘫痪。

8.3 信 息 管 理

8.3.1 一般规定

（1）泵站管理单位应设置信息管理机构，建立健全系统管理、运行维护、安全保障等信息管理制度，配备相应的专业技术人员。

（2）信息管理应主要包括下列内容：

1）技术信息管理，包括泵站监控信息、视频监视信息、调度信息及业务管理信息等各类电子数据的采集、存储、处理、应用与维护。

2）技术档案管理，包括工程建设与管理文件、技术资料管理等。

（3）信息管理应符合下列要求：

1）指导泵站安全、高效、经济运行。

2）数据信息采集及时、准确。

3）保障数据存储安全，实行定期新增数据备份。定期查验备份数据，确保备份数据的可用性、真实性和完整性。

4）采取有效的病毒防范措施和防止非法入侵手段，具有完善的数据访问安全措施与系统控制的安全策略。不得擅自修改软件和使用任何未经批准的软件。

5）严格遵守保密制度和网络管理规范，严格操作权限管理。

6）做好设备日常维护与维修、系统运行状态、故障情况及排除等记录工作。

7）技术档案管理应符合有关档案管理规定，建立技术档案管理制度。

8.3.2 技术管理信息

（1）设备监控信息管理应包括泵站设备运行状态、参数、报警和操作等信息的统计、分析与记录，并应符合下列规定：

1）对运行参数进行统计分析，掌握设备的运行状况，发现或预测设备隐患，为优化调度提供支撑。

2）对报警信息进行统计分析，指导设备的运行、维护、检修及改造。

3）对设备事故进行故障分析，查找事故原因。

（2）建筑物安全监测信息主要包括建筑物的水位、变形以及扬压力等参数，其管理应符合下列规定：

1）对监测物理量随时间和空间变化规律进行分析，并评估建筑物的工作状态。

2）对监测量的特征值和异常值进行分析，并与历年变化范围进行比较，评价建筑物的安全状态。

3）定期对监测资料进行分析，提出主要建筑物安全运行监控指标及运行建议。

（3）视频监视信息主要包括泵站重点部位、工程险工险段和主要设备操作与运行的视频信息，其管理应符合下列规定：

1）对主要设备的操作及运行状态、参数，进出水建筑物状态及水位等进行辅助监视。

2）发生事故时，通过视频监视信息进行辅助分析。

3）值班人员要对视频监控图像内所发生的事故及其他紧急情况进行记录，未经授权不得调用视频监视图像资料。

4）定期手动或自动对平台视频信息进行整理，清除失效或者过期信息。

5）持续录像存储时间不少于30d。

(4) 调度信息主要包括调度日志、调度指令、交接班信息以及历史数据，供排水计划、能源计划以及检修计划等，其管理应符合下列规定：

1）对调度日志进行分析，查找责任事故原因。

2）定期总结供排水、能源及检修等计划的执行情况。

3）对调度计划进行分析，指导泵站经济运行。

(5) 宜对水情、雨情以及工情等信息进行分析，提供调度决策支持。

(6) 设备和建筑物管理信息应主要包括设备和建筑物台账，运行分析报告，巡视、养护、维修记录，大修报告，预防性试验记录，故障缺陷记录，操作票和工作票的统计，备品备件分析等，其管理应符合下列规定：

1）及时更新台账，掌握其动态。

2）分析各种记录和报告，掌握规律，指导设备和建筑物运行、维护和检修。

3）分析备品备件消耗规律，优化库存。

(7) 其他信息应用管理应符合下列规定：

1）按业务过程运行的需要合理配置系统资源。

2）建立对信息业务运行过程反馈和协调方法，为后续系统更新与升级提供依据。

3）定期对业务流程进行分析并更新。

4）定期分析积累的文档，优化业务运行流程，指导信息化应用。

5）门户网站信息及时更新与维护。

8.3.3 技术档案

(1) 技术文件和资料档案应采用文字、图表等纸质件以及音像、电子文档等磁介质与光介质等存档形式，管理应符合下列规定：

1）档案存储满足档案管理要求。

2）分类管理并定期对技术文档进行整理、存档并更新。

3）定期对技术文档借阅、归还等信息进行分析，指导档案资料的共享利用。

4）存档除采用纸质、实物方式外，还应采用电子方式。

(2) 工程建设技术档案主要包括下列内容：

1）泵站工程建设的规划、设计、施工、安装以及验收等技术文件、图样和技术总结报告等。

2）泵站管理单位所属范围的土地使用证。

3）设备制造及试验、验收资料。

(3) 工程管理技术档案主要包括下列内容：

1）泵站管理相关的标准。

2）设备管理技术档案，主要包括设备台账、运行分析报告、巡视、养护及维修记录、主机组及主变压器大修报告、电气设备预防性试验记录、设备异常运行情况及事故记录、两票分析报告、备品备件分析报告、设备更新及技术改造等技术文件及资料。

3）建筑物管理技术档案，主要包括建筑物、水文、气象等观测试验资料，建筑物保养、岁修、大修及技术改造等技术文件和资料。

4）调度管理技术档案，主要包括调度值班日志、调度指令、交接班信息及历史数据，供排水计划、能源计划及检修计划，月度及年度分析报告，调度预案，水文资料等。

5）信息管理技术档案，主要包括日常运行与维护日志，信息系统程序修改或版本更新记录，信息系统运行数据等。

参 考 文 献

[1] 北京城市排水集团有限责任公司. 排水泵站运行工培训教材［M］. 北京：中国林业出版社，2021.
[2] 李端明. 泵站运行工［M］. 郑州：黄河水利出版社，2014.
[3] 张德利. 泵站运行与管理［M］. 南京：河海大学，2006.
[4] 陈春光. 城市给水排水工程［M］. 成都：西南交通大学出版社，2017.
[5] 孙犁. 排水工程［M］. 武汉：武汉理工大学出版社，2006.
[6] 吴宏平，陶家俊，刘春晖. 水泵与水泵站［M］. 郑州：黄河水利出版社，2016.
[7] 夏宏生. 水泵与水泵站技术［M］. 北京：中国水利水电出版社，2016.
[8] 冯卫民. 水泵与水泵站［M］. 北京：中国水利水电出版社，2016.
[9] 孙玉霞. 水泵与水泵站［M］. 北京：化学工业出版社，2014.
[10] 郝和平. 水泵与水泵站［M］. 北京：中国水利水电出版社，2008.
[11] 刘家春. 泵站管理技术［M］. 北京：化学工业出版社，2013.
[12] 宋梅，李静. 建筑给水排水［M］. 北京：化学工业出版社，2016.
[13] 水利部安全监督司，中国水利企业协会. 水利水电工程施工现场作业人员安全读本［M］. 北京：中国水利水电出版社，2016.
[14] 水利部建设管理与质量安全中心. 水利工程运行安全管理［M］. 北京：中国水利水电出版社，2018.
[15] 王莉，王正禄. 安全生产［M］. 北京：化学工业出版社，2015.
[16] 王子飞. 精益安全管理实战手册［M］. 北京：化学工业出版社，2018.
[17] 周佳新，张九红. 建筑工程识图［M］. 北京：化学工业出版社，2015.
[18] 张良. 建筑工程识图快速上手［M］. 北京：化学工业出版社，2022.
[19] 张建边. 建筑给水排水施工图识图口诀与实例［M］. 北京：化学工业出版社，2015.
[20] 郑凤翼. 电工识图简明读本［M］. 北京：机械工业出版社，2012.
[21] 李亚峰. 给排水科学与工程专业实习与实训［M］. 北京：化学工业出版社，2020.
[22] 涂师平. 中国水文化遗产考略［M］. 宁波：宁波出版社，2015.
[23] 天津市市场监督管理委员会. DB12/T 1169—2022 城市排水泵站自动化系统建设和运行维护技术要求［S］. 2022.
[24] 山东省市场监督管理局. DB37/T 4165—2020 中小型灌排泵站运行管理规程［S］. 2020.
[25] 中华人民共和国住房和城乡建设部，国家市场监督管理总局. GB 55027—2022 城乡排水工程项目规范［S］. 北京：中国建筑工业出版社，2022.
[26] 中华人民共和国住房和城乡建设部，国家市场监督管理总局. GB 50014—2021 室外排水设计标准［S］. 北京：中国计划出版社，2021.
[27] 中华人民共和国住房和城乡建设部. CJJ 68—2016 城镇排水管渠与泵站运行、维护及安全技术规程［S］. 北京：中国建筑工业出版社，2016.
[28] 余蔚茗，李树平，田建强. 中国古代排水系统初探［J］. 中国水利，2007（4）.
[29] 杜鹏飞，钱易. 中国古代的城市排水［J］. 自然科学史研究，1999（2）.